食彩烘焙

SHI CAI HONG BEI

吴佩琦(Ousgoo)著

· 北京 ·

图书在版编目（CIP）数据

食彩烘焙/吴佩琦著. ——北京：化学工业出版社，2017.1（2017.11重印）
ISBN 978-7-122-28535-5

I. ①食… II. ①吴… III. ①烘焙-糕点加工 IV. ①TS213.2

中国版本图书馆CIP数据核字（2016）第277049号

责任编辑：张彦　黎秀芬
责任校对：宋玮　　　　装帧设计：尹琳琳

出版发行：化学工业出版社（北京市东城区青年湖南街13号　邮政编码100011）
印　　装：北京瑞禾彩色印刷有限公司
710mm×1000mm　1/16　印张15　2017年11月北京第1版第2次印刷

购书咨询：010-64518888（传真：010-64519686）　售后服务：010-64518899
网　　址：http://www.cip.com.cn
凡购买本书，如有缺损质量问题，本社销售中心负责调换。

定　　价：49.80元

序 一

PREFACE

跟 Ousgoo 认识的时间不短，我们总是亲切地称她为 O 姐，因为她总是像个大姐姐一样热心的张罗着我们这些个烘焙好友们的大事小事，并且事事考虑周全。我对她的印象一直是热心、细致、认真。而这些，也真实地反映在她的烘焙作品上——无论是食材、工具，还是制作中的每一个步骤都一丝不苟，还总有一些奇妙的创意，让人会心一笑。“大白饼干萌萌哒”、“小狗汉堡”、“马上有钱生日蛋糕”，光听这些作品的名字，就已经妙趣横生了。

这本新书，有的不仅是这些有趣的名字。如果读这本书的你是一位母亲，你会发现这本书能给你带来很多亲子的乐趣，因为缤纷多样的烘焙作品造型总能让小朋友欣喜不已。除此之外，我还要把这本书推荐给更多的人，那些拥有一颗热爱烘焙之心的人。因为它可以让我们看到，对烘焙的热爱与坚持，能够创造出一个多么丰富美丽的世界。书中的每一道食谱都在诠释着这一点，严谨的步骤、多彩的创意，真的有着把我们生活点亮的魔力。

君之

美食名博，美食撰稿人，畅销美食图书作者，烘焙大赛评委，“君之烘焙”手工曲奇网店创始人。

序 二

PREFACE

我是创意烘焙主厨林育玮。我和 Ousgoo 是在知名家电烤箱品牌举办的烘焙比赛中结识的。当时我是评委。Ousgoo 在比赛中所表现的烘焙技术及态度让我印象深刻。做甜点的工艺流程都十分谨慎。这本书的作品内容非常完整。我记得 Ousgoo 比赛作品所选用的食材都是最自然而且是自己喜爱的，在制作过程中很享受。我相信她一定能将烘焙的精髓及重点分享给大家。真正优秀的烘焙作品除了有合理的配方比例及设备器具外，最重要的关键还是心态和观念。Ousgoo 这本书就是教大家如何轻松制作出优秀作品，希望帮助烘焙爱好者解决一些不清楚的烘焙概念。Ousgoo 比任何人更投入烘焙这条无止境的道路，当她告诉我要出第二本书时我非常感动，并真心祝福 Ousgoo 未来一切顺利。

林育玮

原麦山丘行政主厨，曾荣获台湾四大天王烘焙大赛金牌，20 多年来专注于研制接近原味的面包。

前言

PREFACE

写这本书时，我已经是两个孩子的妈妈了。为了老大，我义无反顾走上了烘焙这条甜蜜之路。去年，我又幸福地迎来了另一个小生命——百香果。

如今果果已经 1 岁多了，她很喜欢吃我做的原味法棍。为了这一双可爱的儿女，我坚信只要努力，我就会做出更多花样美食。

如果说我的第一本烘焙书《为爱烘焙》是用最简单直接的方法诠释了一个妈妈为了爱学习烘焙的故事，那么我的第二本书《食彩烘焙》想要表达的就是一个热爱烘焙并为之坚持的故事。

顾名思义，“食”就是我们吃的东西，而我将其引申为“食材”，手作烘焙之所以给人一种饱含诚意的感觉，就在于制作美食的人会精心挑选最新鲜最健康的食材来作为原材料。

“彩”则是表达美食多样性，因为我们不可能一年四季重复做相同的美食，这样自己难有进步，家人也会吃多生厌。因此，我会从口味搭配、外在造型等多个方面来让美食缤纷多彩。

我会将简单的法式欧包做成河马造型，搭配香浓奶油南瓜汤，做成一顿美美的周日早餐；我也将可爱的圣诞老人画在饼干上作为圣诞礼物送给朋友的孩子；我会在水果丰收的季节将水果做成果酱或者水果条，让品尝水果的期限大大增长；我还能将蛋糕做成霍比特人小屋，让孩子在自己生日那天忘记所有烦恼看着蛋糕充满梦想。

这本书里，你不再是看到简单的甜品制作，而是跟着我的镜头一起走进一个奇幻的烘焙世界，看你想到的和想不到的各种美食造型，品尝你喜欢的美食味道。这里总有一款适合你。我不是职业烘焙人，也不是烘焙大师，我只有一颗热爱烘焙的心，为我爱的人做出最有诚意的烘焙美食。

我真心想通过这本书能带给你一个有滋有味的烘焙魔法世界。我在这里静静地等着你的到来，期待跟你一起分享一个普通妈妈的烘焙故事。

吴佩琦（Ousgoo）

目录

Contents

Part 1

饼干篇

Part 2

面包篇

面包直接法

汤种法

中种法

天然酵母法

5℃冰种面包

Part 3

蛋糕篇

芝士蛋糕

Part 4

小吃

烘焙用工具和原料

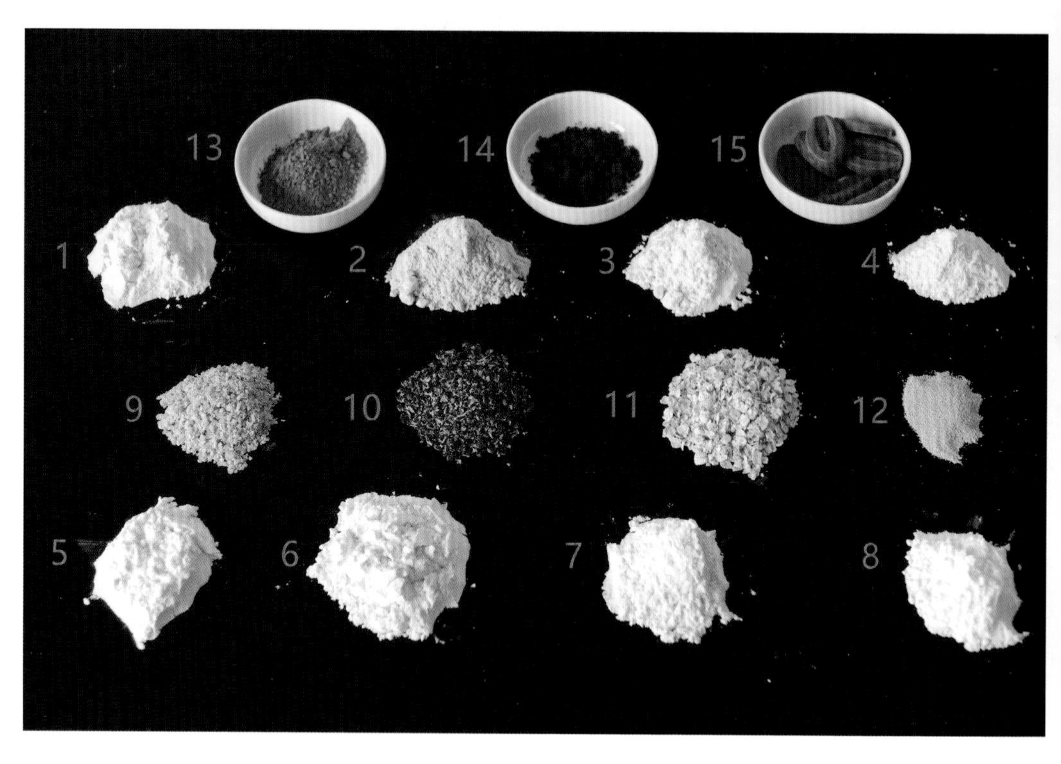

1. 全麦粉
2. 黑麦粉
3. 法国大磨坊 T65
4. 法国大磨坊 T45
5. 玉米淀粉
6. 低筋粉
7. 高筋面粉
8. 糖粉
9. 小麦胚芽
10. 亚麻籽
11. 燕麦片
12. 即发酵母粉
13. 抹茶粉
14. 可可粉
15. 巧克力

1. 面包机
2. 晾网
3. 擀面杖
4. 电动打蛋器
5. 电子秤
6. 铲刀
7. 粉筛
8. 隔热手套
9. 锯齿刀
10. 橡胶刮板
11. 橡胶刮刀
12. 手动打蛋器
13. 抹刀
14. 弯角抹刀
15. 发酵布
16. 红外线电子温度计
17. 烤箱温度计
18. 湿度计
19. 量勺
20. 轮刀
21. 毛刷
22. 针式电子温度计

1. 黄金烤盘	2. 阳极烟囱模具
3. 450克吐司盒子	4. 慕斯圈
5. 不粘连模	6. 巧克力模具
7. 硅胶模具	8. 焗碗
9. 布丁杯	10. 挞模
11. 派模	12. 饼干切模
13. 磅蛋糕模具	14. 咕咕霍夫模具

Part 1 饼干篇

迷你纽扣饼干

材料 Material

低筋粉 160 克
黄油 80 克
蛋清 20 克
砂糖 50 克
椰粉 10 克
香草精几滴
盐 1 克

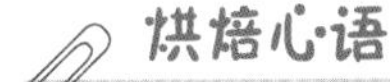

烘焙心语

平时在家喜欢做些快手小饼干，这样既节省时间又能满足孩子的胃口，一举两得。如果你还在为没有合适的饼干模具发愁，那么就尝试一下做这款迷你纽扣饼干吧，可以利用手边一些简单的东西进行造型，比如瓶盖、筷子等，就能快速做出可心的小饼干了。虽然造型简单，但效果同样会很棒的！快来试试吧！

做法 Practice

1. 将黄油室温软化后，加入砂糖和盐拌匀，然后打发至膨松。
2. 加入蛋清打匀。
3. 再加入香草精、椰粉拌匀。
4. 然后加入过筛的低筋粉拌匀。
5. 将拌匀的面糊团放在保鲜膜上，再盖上一层保鲜膜，然后用擀面杖擀开成大约 2 毫米厚的薄片。
6. 用直径约 2 厘米的圆形模具（可以用饮料瓶盖，也可以用裱花头另一端的圆形宽口），在面皮上压出一个圆形。
7. 再用较小一号的直径大约 1.8 厘米的圆形模具，在圆片内侧压出一个圆形印记。
8. 用筷子头在圆形面皮的内侧戳出 4 个小洞作为扣子眼，饼干胚子就做好了。
9. 将做好的饼干胚子摆放在烤盘上。
10. 烤箱预热 160℃，中层上下火，时间 10 分钟。

ained practic
xperience
f sailing as a deck
nd. They
a group

麦香蝴蝶酥

材料 Material

面团

全麦面粉 125 克
黄油 20 克
牛奶 70 克
盐 0.5 克
白糖 4 克
裹入黄油 90 克

装饰

清水少许
白砂糖适量

做法 Practice

1. 除了裹入黄油以外，将其他面团材料混合成团并揉至光滑，再用擀面杖擀开，包入保鲜膜中，放入冰箱冷冻 20 分钟。
2. 将裹入黄油放入保鲜袋中，用擀面杖敲打成方形，再放入冰箱冷藏备用。
3. 将冻好的面团擀开，擀开的面团是裹入黄油的 2 倍大小，然后把裹入黄油放在面团的中间。
4. 把面团两边折起，在中间处捏紧，然后把面团包入保鲜膜中，放入冰箱冷藏 20 分钟。
5. 取出冷藏好的面团，擀开成长条状。
6. 先进行第 1 次 4 折，然后放入冰箱冷藏 10 分钟。
7. 取出步骤 6 中的面团，继续重复步骤 4 和 5，总共进行 3 次 4 折后，再将面团放入冰箱冷藏 20 分钟。
8. 取出步骤 7 中的面团，擀开约 5 毫米厚，并将边角修整成大约 24 厘米 ×14 厘米的长方形。
9. 在步骤 8 的面片表面刷上清水，使其表面糊化，再撒上白砂糖。
10. 将短边两头向中间卷起。
11. 用刀将步骤 10 中的面团切成 1 厘米厚的面块，摆入烤盘中，松弛 10 分钟。
12. 烤箱预热 200℃，中上层上下火，烘焙时间 15 分钟即可。

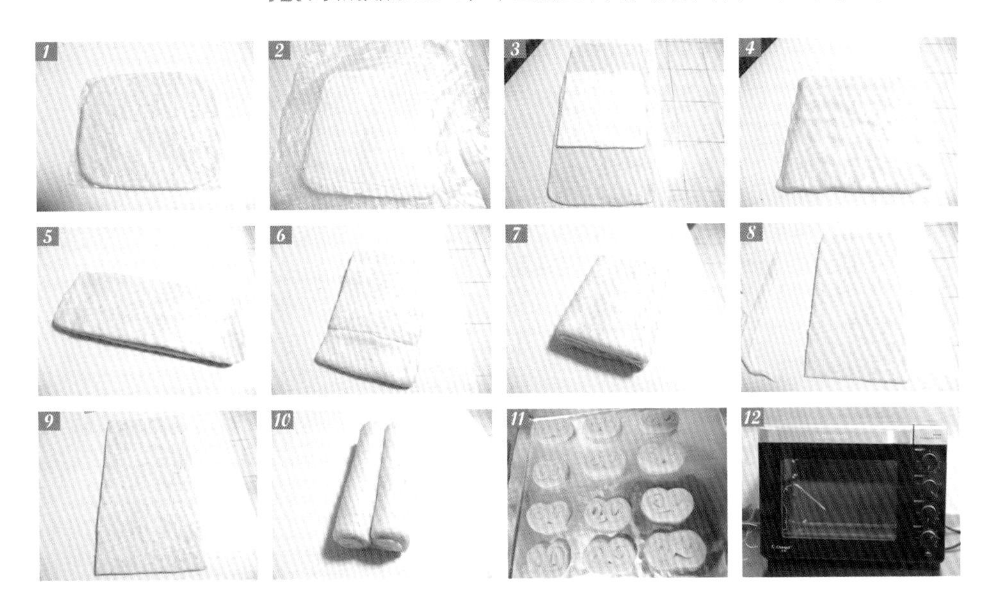

MPC 速滑轮饼干

材料 Material

低筋粉 150 克
黄油 80 克
糖粉 50 克
盐 1 克
蛋液 20 克
可可粉 3 克

烘焙心语

这款MPC轮子造型的饼干灵感来源于我儿子逗逗参加速滑赛，教练希望赠送嘉宾具有意义的伴手礼。于是，我专门为此次比赛设计了这款饼干。饼干是由原味面团和可可面团组合而成，制作的重点在于轮毂造型。原料中的用量，制作出来的饼干大约有两烤盘。当时，这款饼干被逗逗的队友们一抢而空，很受欢迎，相信得到饼干的嘉宾也能体会到制作这款饼干的良苦用心。在这次比赛中，俱乐部教练还有幸将世界冠军，新西兰速滑名将比尔·妮可请到了北京和轮滑爱好者们一起交流，逗逗与她合影时还面带羞涩。

做法 Practice

1. 黄油室温软化，再加入糖粉和盐拌匀后打发。
2. 然后加入打散的鸡蛋拌匀。
3. 再加入低筋粉拌匀成团，并分出一半面团加入可可粉揉成可可面团。
4. 将两种颜色的面团包裹上保鲜膜，再放入冰箱冷藏 1 小时后取出。
5. 将两色面团分别放在保鲜膜上，然后在面团上铺一层保鲜膜，并用擀面杖擀开成 2 毫米厚的薄片。
6. 先用直径 6 厘米的圆形模具在原色面胚上刻出一个圆形饼干胚子。
7. 再用裱花嘴的敞口处，在步骤 6 的圆形饼干胚的正中间，刻出一个小圆，并将小圆面片取出备用。
8. 用裱花嘴的敞口处，在可可饼干胚子上刻出一个小圆。

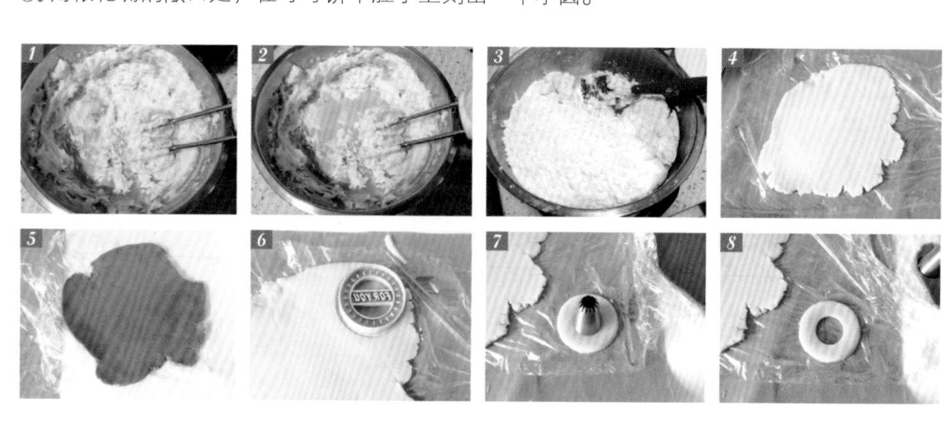

9. 将可可饼干胚子的小圆放入原味饼干胚子的大圆里面压实。

10. 用刀在可可饼干胚子的内圆里刻出轮毂形状，并将多余部分去掉。

11. 将做好的饼干胚子放入烤盘摆放好。然后用同样的方法做出另外一批饼干胚子，轮子为咖啡色，轮毂为原色。

12. 将烤箱预热 175℃，中层上下火，烘焙时间约 12 分钟。

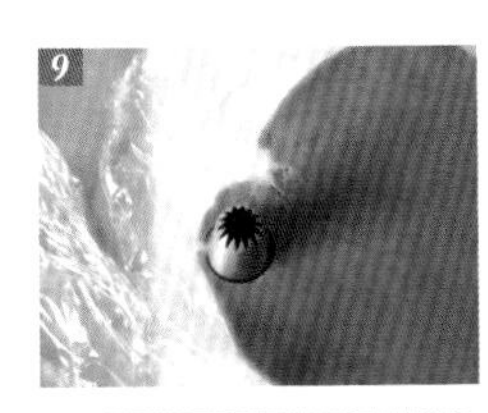

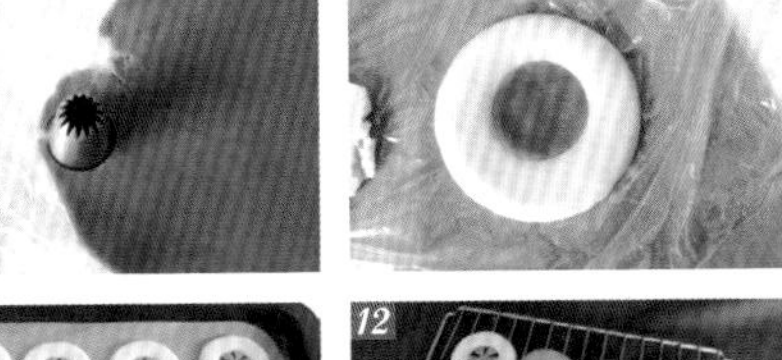

小浣熊饼干

材料 Material

空易拉罐 1 个
低筋粉 150 克
黄油 80 克
糖粉 40 克
盐 1 克
蛋液 20 克
可可粉 5 克
黑巧克力酱适量
白巧克力酱适量
裱花嘴 1 个

做法 Practice

1. 先把小浣熊的小样图画好，再把易拉罐拦腰剪开，并剪出 2 厘米宽的长直条，然后对照小浣熊的图样将长直条来回弯折，做出小浣熊的身体轮廓形状，再取另一条短的做出小浣熊的眼眶形状。
2. 黄油室温软化后，加入糖粉和盐拌匀，并搅打至颜色变浅，再加入蛋液继续打匀，最后筛入低筋粉混合成光滑的面团。把面团按照 1:1:3 的比例分割好，最大的面团加入 1 克可可粉拌匀，余下的可可粉揉入一块小面团中。再将保鲜膜覆盖在面团上，擀开成 2 毫米厚的薄片并放入冰箱冷藏 30 分钟。
3. 将浅咖啡色和深咖啡色面皮取一部分出来，搓成细长条后间隔放置，然后盖上保鲜膜擀开成 2 毫米厚的薄片，放入冰箱冷藏备用。
4. 用自制模具在浅咖啡色的面片上刻出小浣熊的身体形状。
5. 用刀在步骤 3 的成品中刻出尾巴的形状。
6. 将步骤 5 与步骤 4 对接，做出小浣熊的基础造型，并放入烤盘中。
7. 用自制模具在深咖啡色的面片上刻出小浣熊的眼睛。
8. 用裱花嘴圆形的一端在原色面片上刻出小浣熊的肚子。
9. 在小浣熊饼干胚上刻出眼眶和肚子，并将多余的面片取出。
10. 将步骤 7 和步骤 8 放入小浣熊的空缺处补充完成。
11. 取浅咖色的面团，用手搓出两个小圆球，按在头顶两侧做耳朵；再用深咖色的面团搓两个小圆球，按在肚子上方做两只小手。
12. 烤箱预热 180℃，中层上下火，烘焙时间 15 分钟（烤 5 分钟后盖上锡纸一直烤到结束）。饼干烤好放凉后，用黑巧克力酱画出眼镜和嘴巴，用白巧克力酱画出耳朵即可。

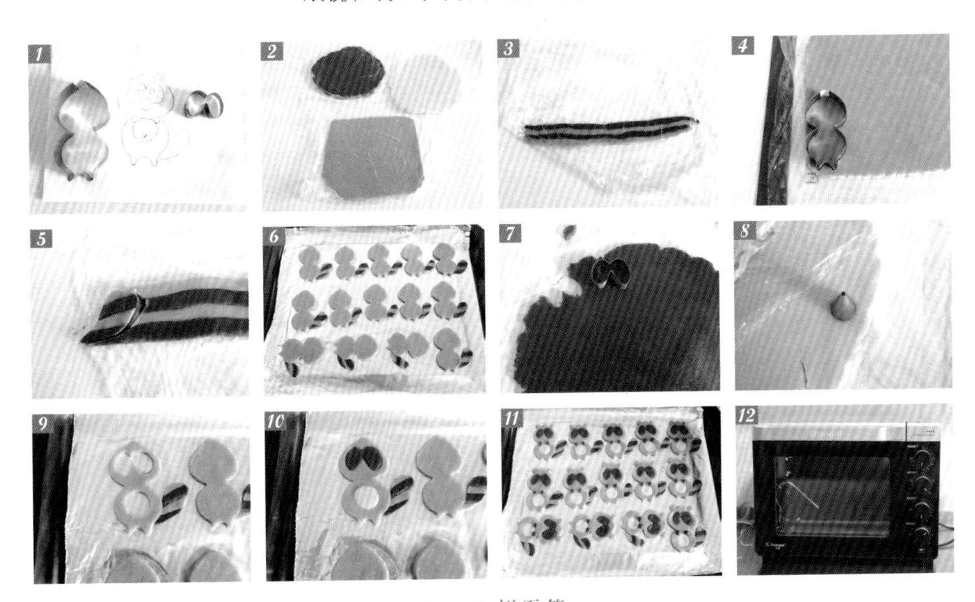

大白饼干萌萌哒

材料 Material

饼干胚子

低筋粉 150 克
黄油 75 克
糖粉 50 克
鸡蛋 25 克
香草精几滴

糖霜装饰

蛋清 20 克
糖粉 150 克
柠檬汁适量
色素适量

做法 Practice

1. 黄油软化后加入糖粉拌匀并打发至膨松状态。
2. 将鸡蛋分 2 次加入步骤 1 中并打匀。
3. 加入香草精拌匀。
4. 再加入过筛的粉类拌合成团。
5. 将拌好的面团盖上保鲜膜，放入冰箱冷藏 1 小时。
6. 取出冷藏好的面团，擀开成 3 毫米厚。
7. 在步骤 6 的面团上，用模具刻出需要的形状。
8. 将步骤 7 的饼干胚子摆入烤盘，烤箱预热 180℃，中层上下火，时间 12 分钟。
9. 蛋清盛入打蛋盆中，坐在热水上，用打蛋器打至粗泡后再逐次加入糖粉打匀，直至加完所有的糖粉。这时的糖霜很浓稠，可以在饼干表面写字或者画具有纹理的花纹。
10. 将步骤 9 中的糖霜，取一部分出来，放入另一个碗中，再慢慢加入柠檬汁，并用打蛋器打匀，将糖霜稀释到提起打蛋器可以自由落下的程度。这种糖霜可以用来涂抹饼干表面。

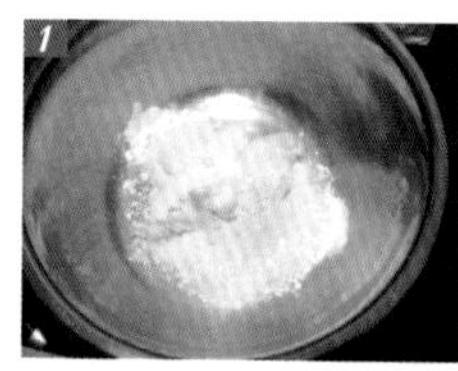

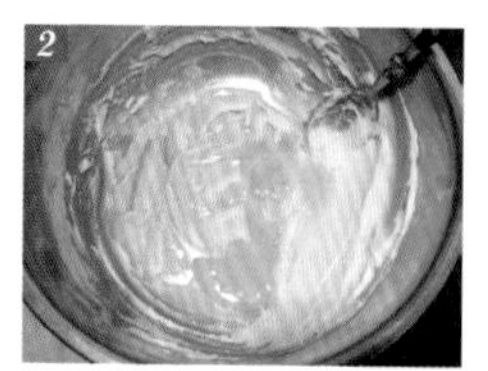

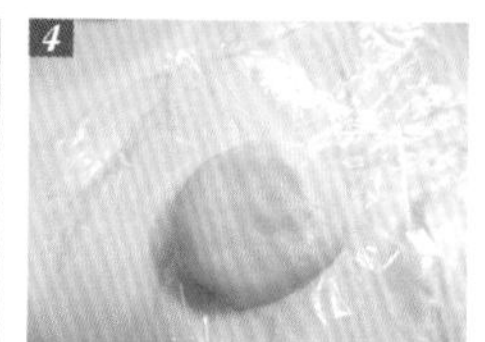

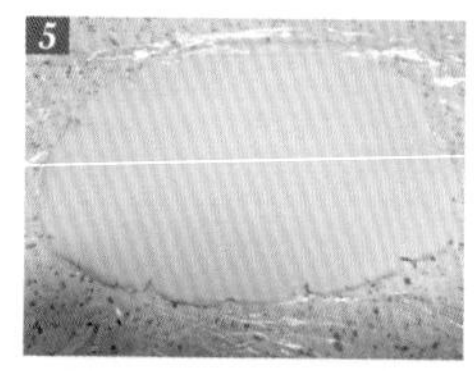

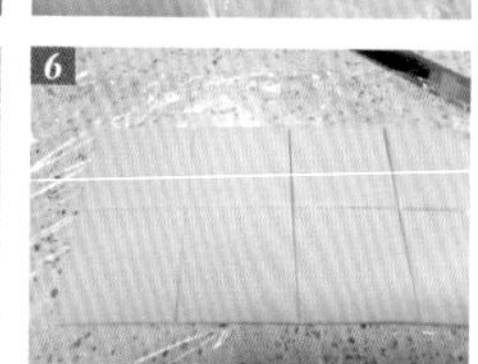

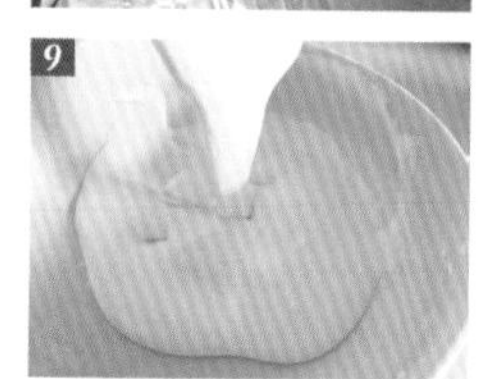

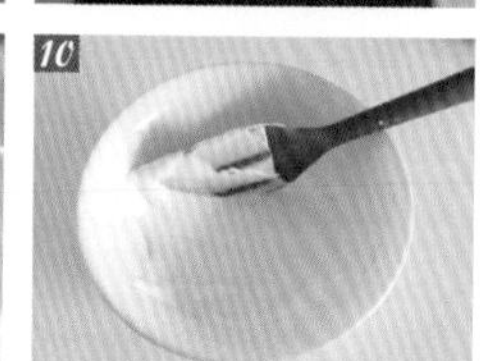

11. 将步骤 9 中的糖霜，再取一部分出来，调入黑色色素，余下的保留本色（白色）；在步骤 10 的糖霜中调入红色色素；将三种颜色的糖霜分别装入裱花袋备用。

12. 先用黑色糖霜在饼干表面画出大白的边框线条。

13. 再用白色糖霜在大白的黑色边框内进行填充。

14. 用黑色糖霜画出大白的眼睛。

15. 将红色糖霜涂抹在大白的黑色边框外面。

16. 在饼干上的空白处，最后再填入白色糖霜进行装饰。

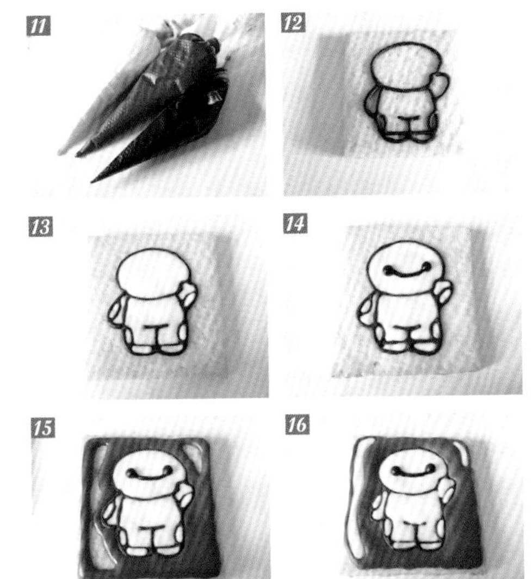

胚芽肉桂薄脆

材料 Material

低筋粉 100 克　　红糖 60 克
全麦粉 60 克　　肉桂粉 2 克
小麦胚芽 20 克　　小苏打 1 克
黄油 90 克　　盐 1 克

做法 Practice

1. 将材料中的所有粉类混合在一起。
2. 黄油室温软化后打发至呈膨松状态。
3. 将红糖和盐加入步骤 2 中打匀。
4. 将步骤 1 中的粉类加入步骤 3 的黄油中拌匀成团，然后放入冰箱冷藏 1 小时。
5. 取出冷藏好的面团，擀开约 2 毫米厚。
6. 在步骤 5 的面片表面盖上一层保鲜膜，再放入冰箱冷藏 30 分钟。
7. 取出步骤 6 中的面片，放入烤盘，去掉保鲜膜，滚刀切成规格约为 4 厘米 ×6.5 厘米的长方形，中间留出空隙。因为面团非常软，所以要先留出空隙，并将每块饼干胚子中间多余的空隙去掉，这样饼干胚子就不用移动位置，可以直接放入烤箱进行烘烤了。
8. 烤箱预热 170℃，中层上下火，时间 12 分钟。

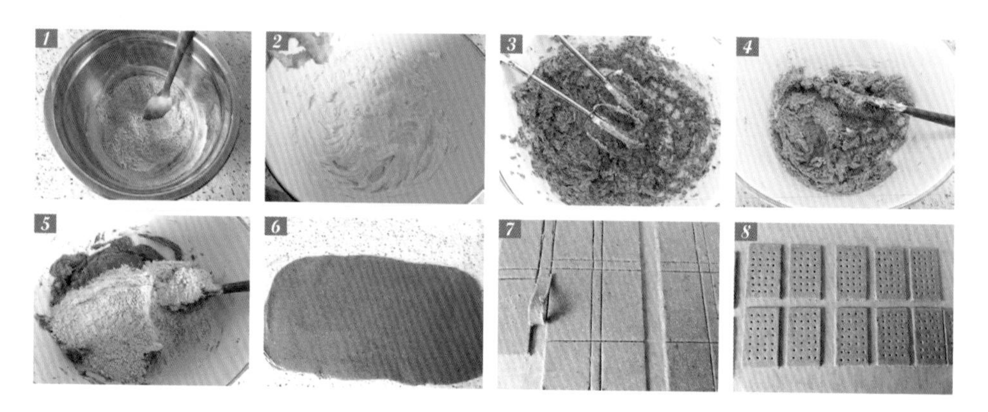

香草奶油曲奇

材料 Material

低筋粉 100 克　　糖粉 45 克　　盐少许
无盐黄油 70 克　　香草精几滴　　鸡蛋 25 克

做法 Practice

1. 黄油切丁后室温软化，再加入糖粉拌匀，并打发至呈膨松状态。
2. 接着加入全蛋混合均匀。
3. 再加入盐、香草精和过筛后的低筋粉拌匀成黏稠的面糊状。
4. 把拌好的面糊装入裱花带中，套上裱花嘴，挤在烤盘上。烤箱预热 160℃，中层上下火，时间 18 分钟。

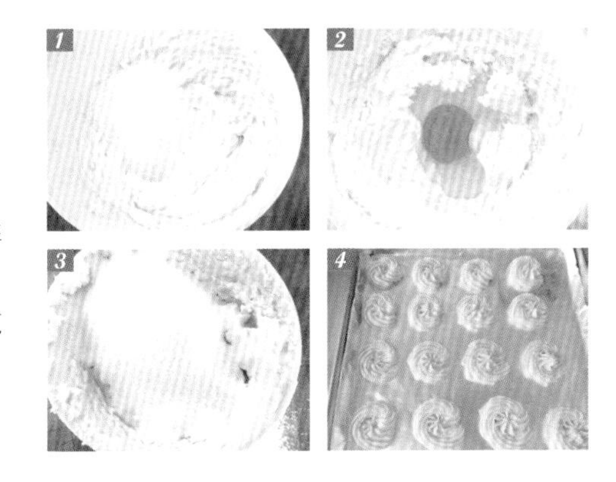

JUST FOR YOU
MUMMY'S
Bakery
JUST FOR YOU

榛子黄油酥饼

材料 Material

黄油 75 克
低筋粉 150 克
榛子粉 30 克
糖粉 60 克
鸡蛋液 30 克
香草精几滴
盐 1 克

做法 Practice

1. 黄油室温软化后加入糖粉和盐打发。
2. 再加入蛋液打匀。
3. 接着加入香草精打匀。
4. 最后加入低筋粉和榛子粉拌匀。
5. 将拌好的面团用保鲜膜包裹好，放入冰箱冷藏 1 小时。
6. 取出冷藏好的面团，擀开约 3 毫米厚，再放入冰箱冷藏 20 分钟。
7. 将步骤 6 中的面块取出，用模具刻出需要的图案。
8. 再用小号慕斯圈，在步骤 7 的饼干胚子上，刻出圆形外轮廓。
9. 将步骤 8 中的饼干胚摆入烤盘，烤箱温度设置为 180℃，中层上下火，烘烤 10 分钟，然后关火闷 10 分钟，再取出晾凉即可。

花生酱黄油巧克力饼干

材料 Material

饼干胚子

低筋粉 350 克
黄油 125 克
花生酱（顺滑型）125 克
糖粉 80 克
红糖 80 克
鸡蛋 1 个
盐 2 克

饼干装饰

黑巧克力适量
坚果碎适量

做法 Practice

1. 黄油室温软化，再加入花生酱（室温）拌匀。
2. 接着加入打散的鸡蛋液拌匀。
3. 再加入糖粉和盐拌匀。
4. 加入红糖拌匀，然后静置 20 分钟（在静置过程中，呈颗粒状的红糖会被黄油混合物中的水分慢慢溶解，能达到更好的混合效果）。
5. 最后加入低筋粉拌匀。
6. 把步骤 5 中混合好的面团放入冰箱冷藏 1 小时备用。
7. 把冷藏好的面团放在保鲜膜上，再盖上一层保鲜膜，然后用擀面杖将面团擀开约 3 毫米厚，再放入冰箱冷藏 30 分钟。
8. 将步骤 7 中的面团，用模具刻出圆形，做成饼干胚子，并将饼干胚子摆入烤盘。
9. 烤箱预热 180℃，中层上下火，时间 10 分钟，关火后闷 10 分钟，再移至烤网上冷却。
10. 将黑巧克力放在容器中，隔着热水使其融化，然后待融化后的巧克力温度降至没有余温时，取一部分装入裱花袋。
11. 在饼干表面，先用巧克力酱画出麋鹿的轮廓。
12. 再将饼干放入巧克力中，让饼干的边缘均匀蘸上巧克力，然后再放入坚果碎里蘸一下，也让饼干边缘均匀粘上坚果碎。最后待巧克力凝固后即可食用。

落叶归根饼干

材料 Material

原味饼干

黄油 25 克
低筋粉 50 克
糖粉 20 克
鸡蛋 10 克
盐 0.5 克
香草精 2 滴
巧克力酱适量

可可饼干

黄油 25 克
低筋粉 44 克
可可粉 6 克
糖粉 20 克
鸡蛋 10 克
盐 0.5 克
香草精 2 滴

做法 Practice

1. 先分别制作原味饼干和可可饼干面团。黄油软化后加入糖粉和盐拌匀，再加入蛋液拌匀，接着加入香草精拌匀，最后加入低筋粉分别拌匀成团。
2. 将两个面团分别用保鲜膜包裹好，然后放入冰箱冷藏 1 小时。
3. 将冷藏好的原味面团擀开约 3 毫米厚。
4. 在步骤 3 的面团上，用圆形模具刻出饼干胚子。
5. 将圆形饼干胚子放入烤盘，烤箱预热 175℃，中层上下火，时间 16 分钟。
6. 将冷藏好的可可面团擀开约 2 毫米厚。
7. 用叶子形状的模具在步骤 6 的面片上刻出叶子形状的饼干胚子。
8. 将叶子形状的饼干胚子放入烤盘，放置在边缘位置，将胚子微微窝起形成一个弧度。
9. 烤箱预热 175℃，中层上下火，时间 10 分钟。
10. 在烤好的可可味饼干的背面挤上巧克力酱，然后放在原味饼干上，待巧克力酱凝固即可。

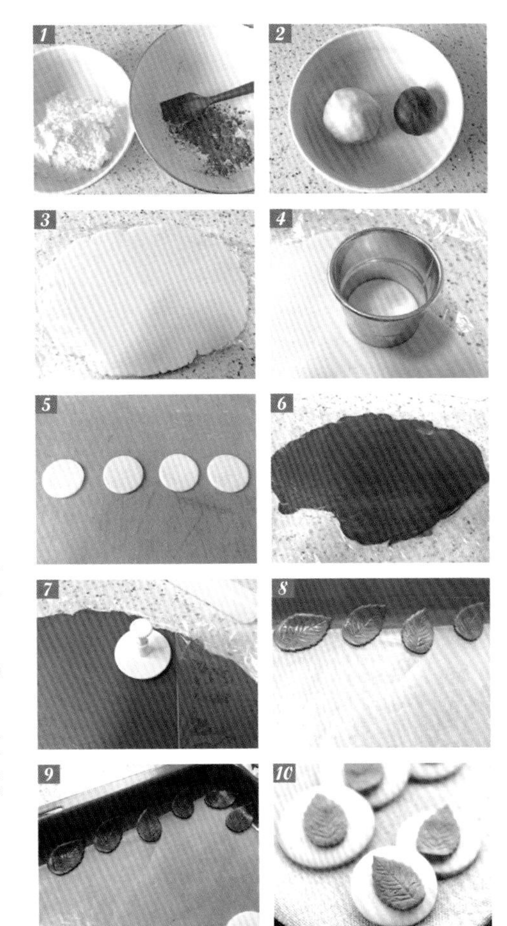

蔓越莓曲奇饼干

材料 Material

低筋粉 230 克
黄油 150 克
糖粉 100 克
鸡蛋 1 个（去壳后约 60 克）
盐 1 克
香草精几滴
蔓越莓 60 克

做法 Practice

1. 黄油室温软化后打发。
2. 加入糖粉和盐继续打匀至颜色变浅，黄油呈膨松状态。
3. 再加入鸡蛋打匀。
4. 接着加入香草精拌匀。
5. 继续加入低筋粉拌匀。
6. 最后加入蔓越莓拌匀成团。
7. 提前准备一个圆形纸筒（保鲜膜使用完后废弃的纸筒就可以），把拌好的面团放在保鲜膜上包裹好，再放入纸筒中定型。
8. 把装有面团的纸筒放入冰箱冷藏 1 小时。
9. 将圆柱形面团从纸筒中取出，切成约 4 毫米厚的圆片，做成饼干胚子。
10. 将饼干胚子摆入烤盘中。
11. 烤箱预热 180℃，中层上下火，时间 16 分钟。

相亲相爱的小鸟饼干

材料 Material

饼干胚子

低筋粉 150 克
黄油 75 克
糖粉 50 克
鸡蛋 25 克
香草精几滴

糖霜装饰

蛋清 20 克
糖粉 150 克
色素适量
柠檬汁适量

做法 Practice

1. 黄油软化后加入糖粉拌匀，并打发至膨松状态。
2. 鸡蛋分两次加入步骤 1 中打匀。
3. 再加入香草精拌匀，加入低筋粉拌匀成团，将拌好的面团盖上保鲜膜后放入冰箱冷藏 1 小时。
4. 取出冷藏好的面团，擀开成 3 毫米厚。
5. 在步骤 4 的面片上，用模具刻出需要的形状，做成饼干胚子。
6. 将饼干胚子摆入烤盘，烤箱预热 180℃，中层上下火，时间 12 分钟。
7. 制作糖霜并调入色素，做出不同颜色的糖霜备用。
8. 分别用白色糖霜和蓝色糖霜画出两只小鸟的轮廓。
9. 再用白色糖霜和蓝色糖霜进行填充。
10. 待饼干表面干后，再用棕色糖霜画上树干。
11. 接着用黑色糖霜画出眼睛。
12. 最后用橙色糖霜画出鸟嘴和鸟爪。

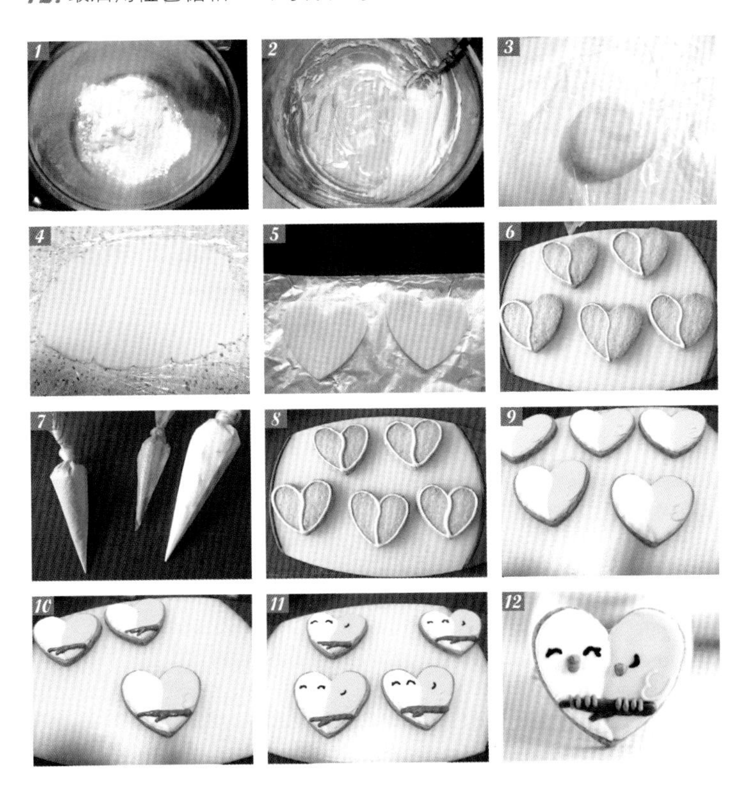

喜羊羊饼干

材料 Material

饼干胚子

低筋粉 150 克
黄油 75 克
糖粉 50 克
鸡蛋 25 克
香草精几滴

糖霜装饰

蛋清 20 克
糖粉 150 克
柠檬汁适量
色素适量

做法 Practice

1. 黄油软化后加入糖粉拌匀，再打发至呈膨松状态。
2. 将鸡蛋分两次加入步骤 1 中打匀。
3. 再加入香草精拌匀，然后倒入过筛的粉类拌合成团。
4. 把拌好的面团盖上保鲜膜后，放入冰箱冷藏 1 小时。
5. 将面团擀开成 3 毫米厚。
6. 在步骤 5 的面片上，用模具刻出需要的形状，做成饼干胚子。
7. 把饼干胚子摆入烤盘，烤箱预热 180℃，中层上下火，时间 12 分钟。
8. 制作糖霜，留一部分白色糖霜，再用色素调出红色和肉色糖霜。
9. 先用白色糖霜画出轮廓，然后用白色糖霜填充羊毛。
10. 接着用肉色糖霜填充脸部。
11. 再用红色糖霜填充小领结。
12. 待糖霜干硬后，用牙签蘸取少许黑色素给羊羊画上眼睛和嘴就可以了。

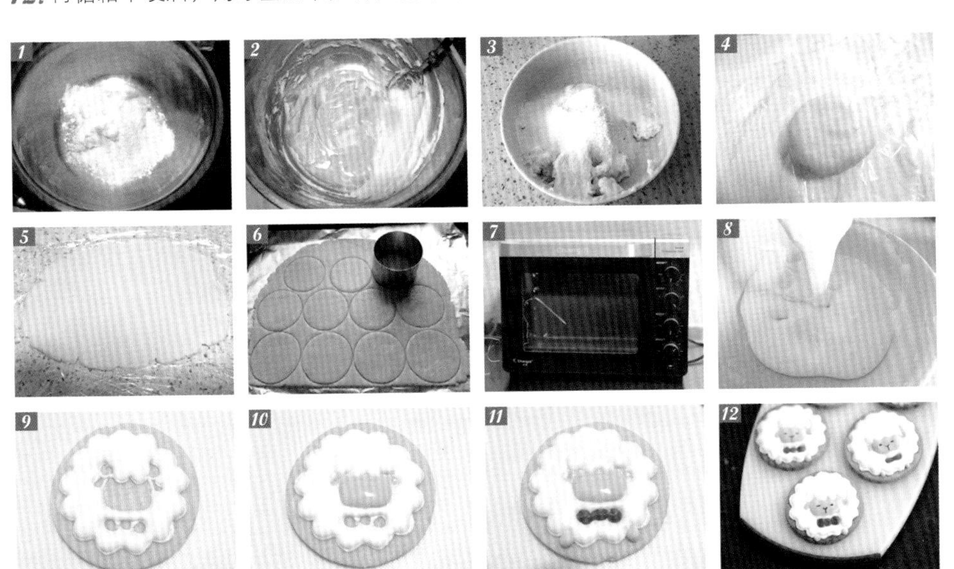

蜘蛛饼干

材料 Material

饼干胚子

花生酱（顺滑型）90克
黄油90克
低筋粉150克
白糖80克
鸡蛋1个

饼干装饰

巧克力球24个
糖果眼睛48个
巧克力酱适量

烘焙心语

万圣节又到了，总要做点什么应景的美食才好。我不太喜欢吓人的画面，所以选择了做这款可爱的蜘蛛饼干给孩子们过节了。

做法 Practice

1. 把黄油和花生酱拌匀后打发。
2. 再加入白糖和鸡蛋继续打发。
3. 将低筋粉筛入步骤2中拌匀成面团。
4. 将拌好的面团包好后放入冰箱冷藏30分钟。
5. 取出冷藏好的面团，用手揪出一个个小面团，每个小面团约18克，分别搓圆按扁。
6. 将巧克力球放在小面团中间按压一下，使面团中间呈凹状，做成饼干胚子。
7. 将饼干胚子放入烤盘，烤箱预热180℃，中层上下火，时间15分钟。
8. 将烤好的饼干取出放凉后，用巧克力酱将巧克力球粘连到饼干中间的凹洞上。
9. 再把糖果眼睛粘到巧克力球的上方做蜘蛛的眼睛。最后用巧克力酱在巧克力球四周画出线状作为蜘蛛的腿。

无油版宝宝磨牙棒

材料 Material

低筋粉 130 克
鸡蛋 58 克
糖粉 20 克

做法 Practice

1. 先把所有材料称量好备用。
2. 将所有材料倒入料理杯中。
3. 用电动打蛋器 2 档速率搅打 2 分钟左右，将材料混合成团。
4. 把步骤 3 中的面片包上保鲜膜并松弛 30 分钟。
5. 把松弛好的面团擀开约 8 毫米厚。
6. 再用刀将擀好的面片切成条状。
7. 将面条摆入烤盘，用手拧成螺旋状，然后刷蛋液。
8. 烤箱预热 180℃，中层上下火，时间 25 分钟。

1

2

3

4

5

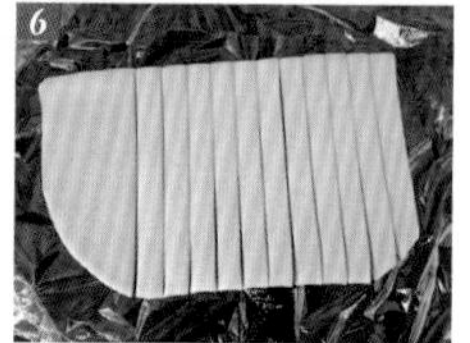
6

7

8

鲜草薄荷饼干

材料 Material

低筋粉 130 克
黄油 72 克
新鲜薄荷叶
糖粉 30 克
盐 1 克
香草精几滴
薄荷液几滴

做法 Practice

1. 黄油室温软化后加糖粉、盐拌匀。
2. 黄油打至膨松状态后，加入香草精和几滴薄荷液继续打匀。
3. 低筋粉过筛后加入步骤 2 中拌匀成团。
4. 将拌好的面团用保鲜膜包裹好，放入冰箱冷藏 1 小时。
5. 将冷藏好的面团擀开成 3 毫米厚的薄片，并用模具切出形状，做成饼干胚。
6. 将薄荷叶两面蘸水放在饼干胚上轻轻压实。烤箱预热 175℃，中层上下火，时间 12 分钟。

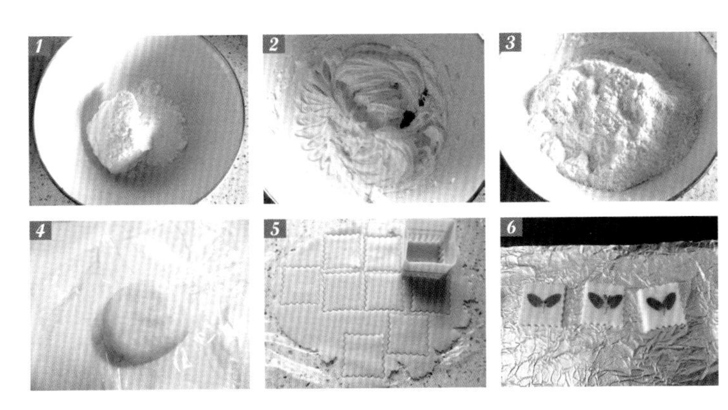

海胆饼干

材料 Material

面团

黄油 50 克
细砂糖 16 克
炼乳 50 克
低筋粉 130 克

装饰

杏仁片适量
肉桂粉适量
糖粉适量
蛋液适量

做法 Practice

1. 黄油加细砂糖后拌匀，并打发至呈膨松状态。
2. 再加入炼乳继续打匀。
3. 接着筛入低筋粉拌匀成团。
4. 把拌好的面团用保鲜膜包裹好，放入冰箱冷藏 30 分钟。
5. 取出冷藏好的面团，擀开约 3 毫米厚。
6. 在擀好的面片上，用圆形模具刻出需要的形状，做成饼干胚子。
7. 把饼干胚子摆入烤盘中，并在表面刷上蛋液。
8. 再将肉桂粉和糖粉混合均匀后，撒在饼干表面，最后放上杏仁片，并轻轻按压一下。
9. 烤箱预热 180℃，中层上下火，时间 20 分钟。

意式柠香马卡龙

材料 Material

饼身

TPT180 克（82 克杏仁粉 +8 克柠檬粉 +90 克糖粉）
蛋白 33 克
蛋白 33 克（蛋白粉一点点）
砂糖 15 克
金黄色色膏 1 牙签尖
水 23 克
砂糖 75 克

馅料

黄油 35 克
柠檬汁 20 克
蛋液 20 克

做法 Practice

1. 将所有食材称量好备用。
2. TPT 过筛，加入蛋白拌匀，盖上保鲜膜备用。
3. 把砂糖和水放入小锅中，用小火烧至 116 ~ 120℃（糖水温度可以根据空气湿度进行调节，如果天气比较潮湿，120℃就可以了；如果用烤箱烘干，116℃就可以了）。
4. 在熬制糖水的同时，可以在蛋白中加入少许蛋白粉和砂糖，打至干性发泡。
5. 将熬好的糖水沿着打蛋桶的侧壁慢慢倒入步骤 4 中，继续打至硬挺状态。
6. 将色素加入步骤 5 中拌匀。
7. 在步骤 6 中，取出大约 1/3 的蛋白拌入步骤 2 中，并用压拌的手法拌匀。
8. 再取出步骤6中1/3的蛋白拌入步骤7中，继续用压拌的手法拌匀。
9. 将步骤 6 中余下的蛋白拌入步骤 8 中，采用抄底的方法，以画 J 字的方式一次性拌匀面糊。面糊拌好后，提起硅胶板，面糊会如同飘带一样落下，而且具有光泽。
10. 在裱花袋中装入花嘴直径约 1 厘米的裱花嘴，然后将步骤 9 中的面糊倒入裱花袋中。

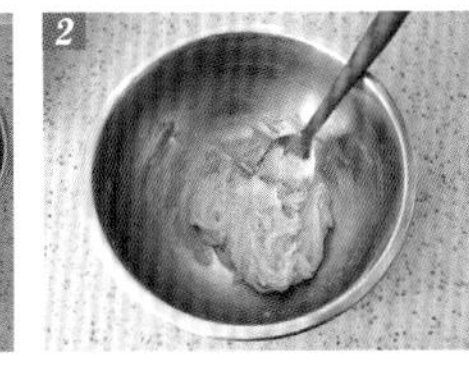

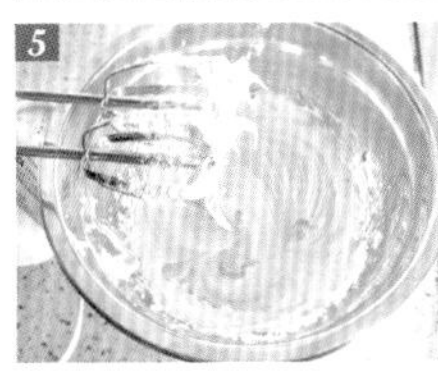

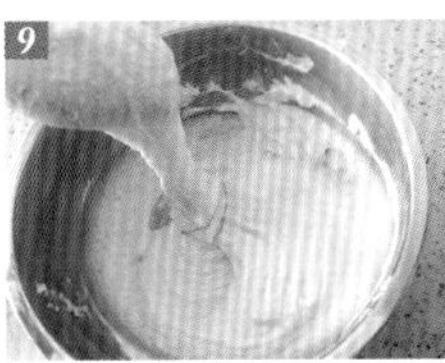
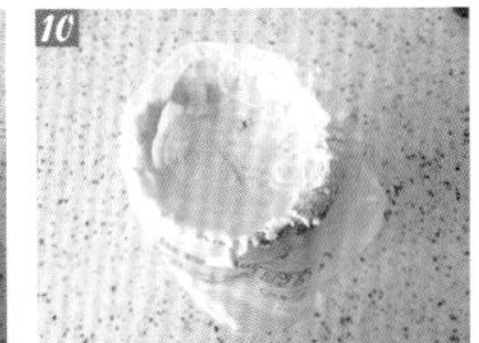

11. 将步骤 10 中的面糊挤在油布上，直径约 3.5 厘米，全部挤完后将烤盘震几下，让面糊表皮平整，如果有气泡可以用牙签戳破，然后凉皮约 20 分钟，直至摸表皮不黏手即可。

12. 烤箱预热 150℃，中下层，上下火，放入烤箱后将温度调到 140℃，烘烤时间 18 分钟。

13. 烘烤到 12 分钟时，打开烤箱门 10 秒钟后再关上，继续烤 6 分钟。马卡龙烤好后，立即取出烤盘，晾凉备用。

14. 将鸡蛋打散，再将蛋液与柠檬汁、白糖混合均匀，用小火烧至 80℃。

15. 将步骤 14 中的混合物过筛，待温度降至 40℃后，将其与软化的黄油一起打匀，馅料就做好了。

16. 如果馅料多，可以罩上保鲜膜放入冰箱冷藏备用。

17. 将馅料夹入饼身中即可完成。

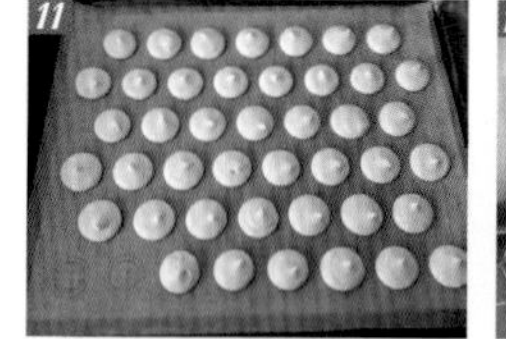
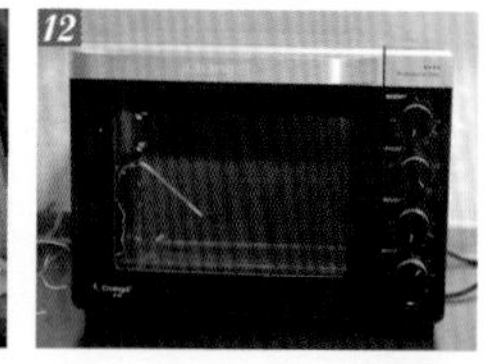

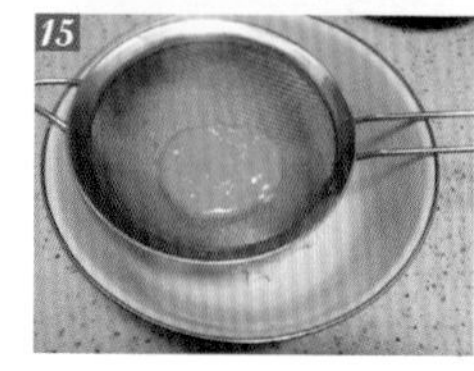

烘焙心语

①如果用老化蛋白，可以不加蛋白粉。

②糖水温度可以根据空气湿度进行调节，如果比较潮湿，可以用 120℃；如果用烤箱烘干，可以用 116℃。

③怎样判断马卡龙烤好了呢？可以用手轻轻推一下，如果推不动，说明烤熟了。

遇见 Macaron 是在一家机场的西点店里。当时的我，对一块比硬币大不了多少的小饼干居然会卖到 75 元感到好奇不已，于是买了一块品尝了，第一次吃到它，口感层次分明，入口的是很薄但却非常酥脆的外壳，继而是又软又绵密还稍微有点黏牙的内层，这种外酥内软的迷人滋味，不得不说，马卡龙还真是别致。一枚漂亮的马卡龙，表面光滑、无坑疤，在灯光照射下，还会泛着光泽，饼身的下缘还会因为烘烤出现一圈漂亮的蕾丝裙，这才是完美的马卡龙。从没想过自己还能做马卡龙，而它也是继可颂之后又一个让我又爱又恨，摸不着头脑还玩命死磕的西点。对于做事执着的我来说，这仅仅只是一个开始，我希望能够真正掌握它，然后可以赋予它我所喜欢的变化。

树莓马卡龙

材料 Material

杏仁面糊	意式蛋白霜	树莓夹馅
杏仁粉 125 克	砂糖 125 克	树莓果浆 207 克
糖粉 125 克	水 43 克	葡萄糖浆 25 克
蛋白 45 克	蛋白 45 克	白巧克力 250 克
色素适量	蛋白粉 1 克 + 砂糖 2 克	可可脂 25 克

做法 Practice

1. 先将材料称量好，取 1 克蛋白粉和 2 克砂糖混合拌匀。
2. 把杏仁粉、糖粉、色素、蛋白盛入容器中，混合成糊，并盖上保鲜膜备用。
3. 把砂糖和水混合煮至 112℃。煮糖水时，将步骤 1 中的蛋白粉倒入蛋白中，先用手动打蛋器打匀，再用电动打蛋器高速打发，待蛋白由大粗气泡变成细小气泡时停止。
4. 等糖水煮到 116℃时离火。然后左手端起糖水，慢慢倒入步骤 3 的打蛋盆中，右手拿电动打蛋器，依然高速打发蛋白，直至蛋白温度快到 40℃左右时停止。这个时候，用手摸打蛋盆，能感觉到打蛋盆温热但不烫手。
5. 将步骤 4 中的蛋白，分 3 次加入步骤 2 的杏仁糊中拌匀，待提起橡胶刮刀，杏仁糊成飘带状落下即可。
6. 将步骤 5 中的杏仁糊装入裱花带，并挤在烤盘上，凉皮 15 分钟左右，用手触碰饼胚侧边不粘手即可。
7. 烤箱预热，上火 150℃，下火 140℃。预热结束后，放入烤盘，时间 16 分钟。
8. 继续制作夹馅。先将夹馅材料称量好。
9. 将可可脂融化成液体。
10. 将 1/2 的白巧克力融化成液体。
11. 将树莓果酱和葡萄糖浆混合加热至即将沸腾状态。
12. 将步骤 11 中的果汁倒入步骤 10 的白巧克力中拌匀。
13. 将步骤 9 中的可可脂加入步骤 12 中拌匀。
14. 将步骤 13 中的夹馅盖上保鲜膜后静置 4 小时左右。
15. 将静置好的夹馅挤在马卡龙上，然后放入冰箱冷藏，隔夜再吃口感最好。

圣诞老人糖霜饼干

材料 Material

饼干胚子		糖霜装饰	
低筋粉 150 克	鸡蛋 10 克	蛋清 20 克	红色素 1 滴
黄油 75 克	牛奶 10 克	糖粉 150 克	黑色素 1 滴
糖粉 50 克	香草精几滴	柠檬汁适量	肉色色素 1 滴

做法 Practice

1. 黄油软化后加入糖粉拌匀，并打发至呈膨松状态。
2. 将鸡蛋分 2 次加入步骤 1 中打匀。
3. 接着加入香草精拌匀。
4. 再倒入过筛的粉类拌合成团。
5. 将拌好的面团盖上保鲜膜后，放入冰箱冷藏 1 小时。
6. 取出冷藏好的面团，擀开约 3 毫米厚。
7. 在擀好的面团上，用模具刻出需要的形状，做成饼干胚子。
8. 将饼干胚子摆入烤盘。烤箱预热 180℃，中层上下火，时间 12 分钟。烤好后取出放凉。
9. 把装有蛋清的容器放入热水盆中，同时用电动打蛋器搅打，待打至粗泡后再逐次加入糖粉打匀，直至加入所有糖粉，这时的糖霜很浓稠，适合用来在饼干表面写字或者画具有纹理的花纹。把糖霜分成两份，其中一份糖霜再分成几小份，分别加入红色、黑色等色素拌匀。将另一份糖霜放入另一个容器中，慢慢加入柠檬汁，并用打蛋器打匀，将糖霜稀释到提起打蛋器时能自由落下的程度，这种糖霜可以用来涂抹饼干表面，或者用来制作铺满饼干底层的涂层。
10. 先在饼干上画出轮廓，接着用白色糖霜填充帽子底部和胡子。
11. 再用红色糖霜填充帽子。
12. 接着用肉色糖霜涂脸部。
13. 待肉色糖霜干透后，继续用肉色糖霜填充脸部并画出嘴巴。
14. 画出翘翘的胡子。
15. 画出眼睛。
16. 最后画出眉毛。

烘焙心语

圣诞节即将来临，各种琳琅满目的圣诞商品都纷纷上架了。家里除了圣诞树装饰之外，怎么少得了节日的美食？这款圣诞老人饼干非常可爱，儿子很是喜欢。

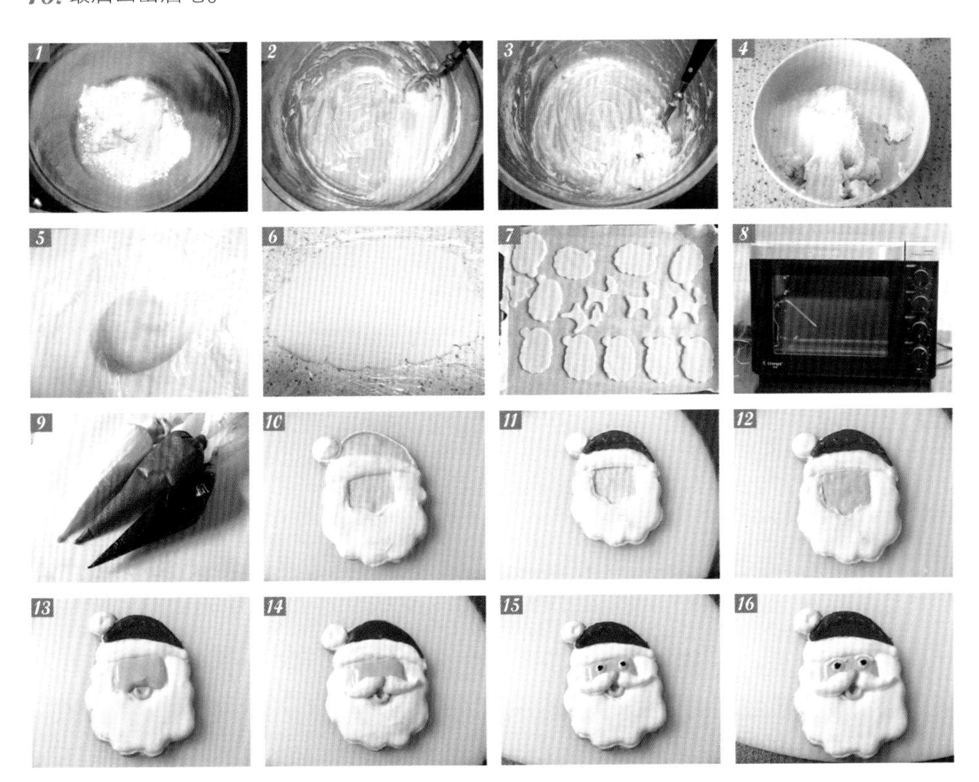

巧克力丹麦奶油酥

材料 Material

饼干

低筋粉 210 克　　白糖 60 克
可可粉 15 克　　全蛋 15 克
黄油 120 克　　淡奶油 80 克

装饰

白巧克力 50 克

做法 Practice

1. 黄油软化后加入白糖拌匀并打发。
2. 鸡蛋分三次加入步骤 1 中打匀。
3. 淡奶油分次加入步骤 2 中，继续打发至呈膨松状态。
4. 然后加入过筛的低筋粉和可可粉。
5. 将步骤 4 中的面糊拌匀成团，再装入裱花袋中。
6. 在烤盘上，将裱花袋中的面团挤出自己想要的形状，做成饼干胚子。
7. 烤箱预热，上火 175℃，下火 180℃。
8. 烤箱预热结束，将烤盘放入烤箱中层，时间 18 分钟。出炉放凉后，挤上融化的白巧克力进行装饰即可。

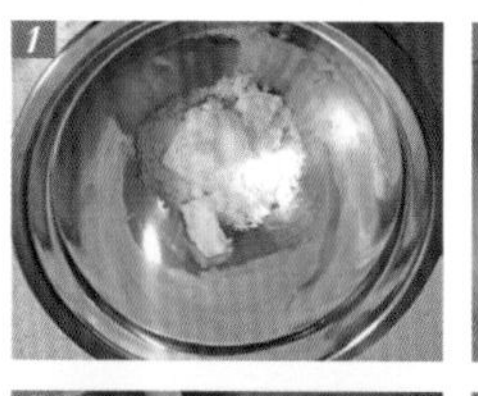
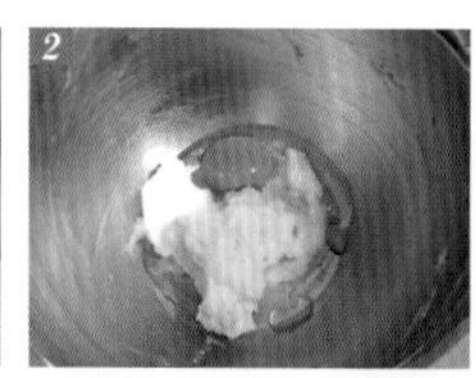
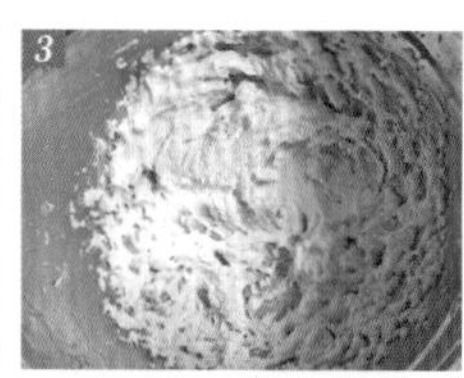

Part 2

面包篇

哈拉面包

材料 Material

面团

高筋粉 255 克
鸡蛋 2 个
糖 20 克
盐 2 克
即发酵母粉 3 克
水黄 130 克
黄油 15 克

装饰

黑芝麻适量
水适量

做法 Practice

1. 用后油法将面团揉至完全阶段进行 1 次发酵。
2. 将发酵好的面团排气后，两边向中间进行 1 次三折，并将收口捏紧。
3. 将步骤 2 的面团滚圆后松弛 10 分钟。
4. 把步骤 3 的面团按扁，卷成圆筒状。
5. 将步骤 4 的面团搓成长条，一头粗一头细。
6. 以粗头为中心，将面团卷起。
7. 在面团表面喷水，然后撒上黑芝麻，并进行 2 次发酵。
8. 烤箱预热 180° ，中层上下火，时间 35 分钟。

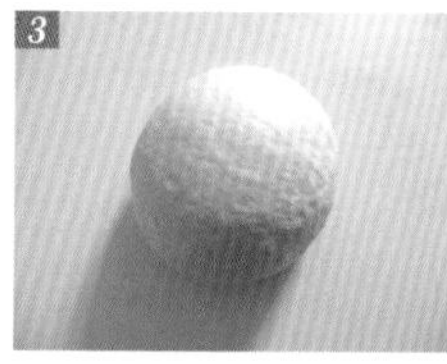

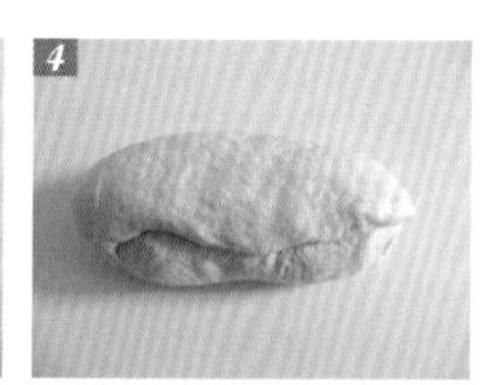

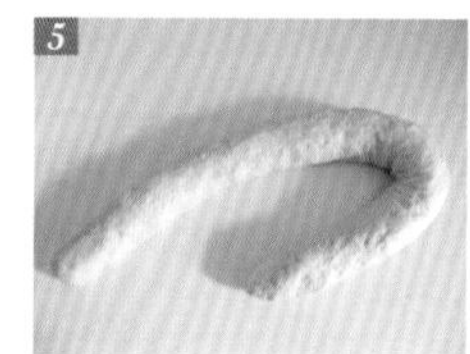

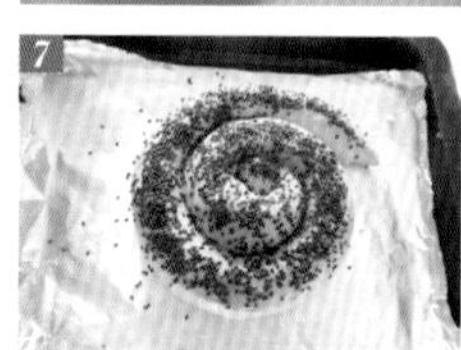

河马面包

材料 Material

面团

高筋粉 250 克
水 160 克
黄油 25 克
糖 20 克
盐 2 克
即发酵母粉 2.5 克

装饰

白豇豆几粒
黑豆几粒

南瓜汤

南瓜 1 块
盐少许
油少许
水适量

做法 Practice

1. 用后油法将面团揉至扩展阶段进行 1 次发酵。
2. 发酵完成后将面团排气，再分割成 8 个分量不等的面团。
   制作大河马的 4 个面团为 40 克（身体）、20 克（头）、4 克（鼻子）、2 克（耳朵）；制作小河马的 4 个面团为 25 克（身体）、12 克（头）、3 克（鼻子）、1 克（耳朵）。
3. 制作大河马：将 20 克头部面团与 40 克身体面团对接，再将 4 克鼻子面团与河马的脸部对接，最后在头顶放上 2 克面团做耳朵。小河马按同样步骤操作。
4. 河马制作好后，进行 2 次发酵。
5. 烤箱预热 175℃，中层上下火，大河马烘焙 20 分钟，小河马烘焙 15 分钟。
6. 烘焙结束后，出炉放凉，然后将白豇豆放在河马脸部做眼睛，黑豆放在河马的鼻子处做鼻孔。最后做好南瓜汤，就可以搭配着吃了。

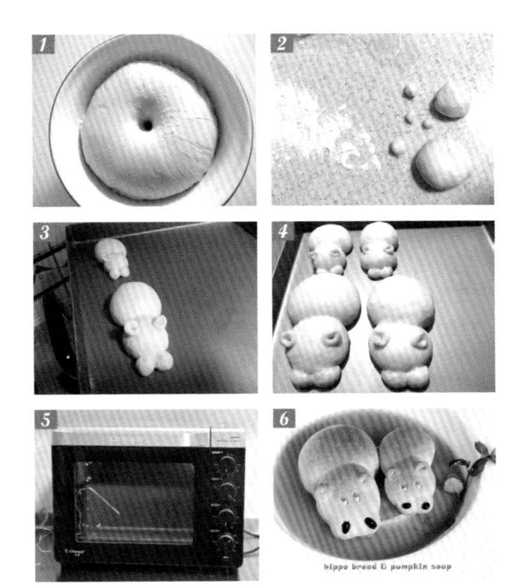

味噌牛肉芝士丹麦卷

材料 Material

面团

普通面粉 250 克
即发酵母粉 5 克
奶粉 8 克
盐 3 克
鸡蛋 38 克
白糖 15 克
水 108 克
黄油 20 克

馅料

牛腱子 500 克
禾然有机赤味噌 2 勺
老抽 1 勺
马苏拉里芝士 50 克
老冰糖 3 大颗
水适量

做法 Practice

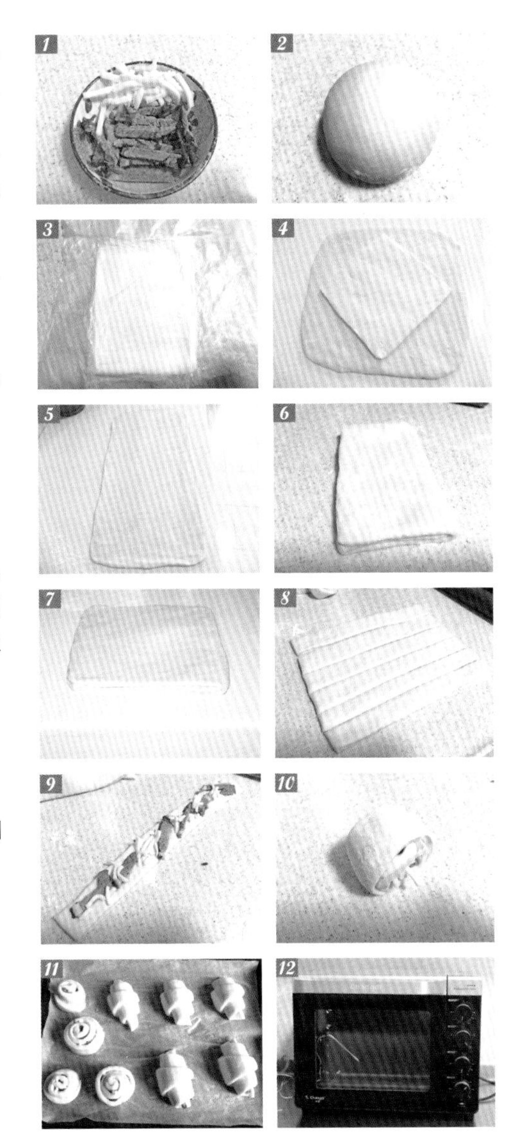

1. 将牛腱子洗干净后放入压力锅中，加入2勺禾然有机赤味噌、1勺老抽，放入适量水炖煮。待牛腱子炖煮得差不多时，将肉和汤汁倒入铁锅，开盖煮至要收汁时加入3大粒老冰糖煮至收汁即可。捞出酱牛肉放凉后切小条备用。
2. 面团材料用后油法揉至扩展阶段后放入冰箱冷冻30分钟。
3. 将片黄敲打擀开成正方形后冷藏备用。
4. 取出冷冻好的面团，用十字裹油法将步骤3中的片黄包裹在面团中。
5. 将步骤4中的面团擀开成长方形。
6. 将步骤5的面团进行1次3折。
7. 重复步骤4和5，进行3次3折。
8. 将步骤7的面团放入冰箱冷藏20分钟，面团取出，擀开成长方形，并将不规则的边角去掉。用刀将面团切成约3厘米宽的长条。
9. 将牛肉条和芝士铺在面团上。
10. 将面团卷起，并将收口黏紧。
11. 面团进行2次发酵至2倍大。
12. 烤箱预热220℃，中层上下火，时间15分钟。

烘焙心语

味噌（みそ），又称面豉酱，是以黄豆为主原料，加入盐及不同的种曲发酵而成，类似于通过霉菌繁殖制作出来的豆瓣酱、黄豆酱、豆豉等。它既可以用来做汤，又能与肉类烹煮成菜，还能用来制作火锅的汤底。据研究，味噌中含有丰富的蛋白质、氨基酸和食物纤维，经常食用有益健康。天凉的时候，喝一碗味噌汤还有助于醒胃暖身。

伯爵红茶乳酪面包

材料 Material

面团

高筋粉 250 克
全麦粉 50 克
牛奶 210 克
糖 30 克
盐 3 克
伯爵红茶粉末 2 克
黄油 30 克
即发酵母粉 3 克

馅料

奶油奶酪 120 克
糖粉 20 克

做法 Practice

1. 用后油法将面团揉至扩展阶段后进行 1 次发酵。
2. 将发酵好的面团分割成 5 份，滚圆排气后醒放 10 分钟。
3. 再将面团擀开成椭圆形。
4. 接着将面团翻面，并将一侧的底边擀薄，另一侧抹上拌匀的奶油奶酪馅。
5. 然后将面团卷起，收口捏紧后朝下放置。
6. 再将面团的一端收口打开。
7. 然后将面团另一端放入开口内，并将两头接口处捏紧。
8. 将步骤 7 的面团摆入烤盘上进行 2 次发酵。
9. 待发酵完毕，在面团上筛上面粉并割口。
10. 烤箱预热 190℃，中层上下火，时间 22 分钟。

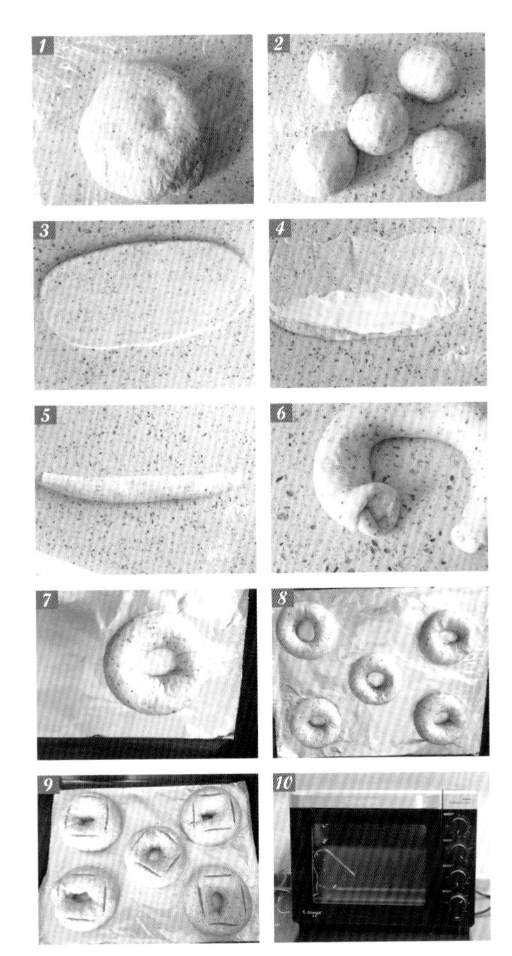

卡仕达酱包

材料 Material

面团

高筋粉 186 克
低筋粉 50 克
奶粉 18 克
细砂糖 26 克
盐 1/2 小勺
酵母 5 克
全蛋 27 克
水 75 克
汤种 75 克
黄油 18 克

馅料

蛋黄 2 个
白糖 40 克
低筋粉 15 克
牛奶 180 克

做法 Practice

1. 用后油法将面团材料混合揉至扩展阶段，然后进行 1 次发酵（如果放入烤箱内发酵，可设置温度 28℃，湿度 75%，时间约 50 分钟）。
2. 制作内馅。
 （1）白糖加入蛋黄中，用打蛋器打至蛋黄颜色微微发白。
 （2）将低筋粉过筛后加入蛋黄中拌匀。
 （3）将牛奶倒入锅中煮至沸腾后，分 2 次倒入蛋黄糊中拌匀。
 （4）将牛奶蛋黄糊过筛后倒入锅中，大火烧开后改小火用打蛋器慢慢搅拌；搅拌至黏手可以划出纹路即可关火。
 （5）将做好的卡仕达酱放凉后表面贴上保鲜膜备用。
3. 步骤 1 中的面团发酵完成后，将面团排气并分成 8 等份，每份约 60 克，分别盖上保鲜膜松弛 10 分钟。
4. 将面团略微擀开成圆形，包入馅料（每份馅料约 30 克），收口朝下。
5. 将面团整形，再放入烤盘进行 2 次发酵，温度约 35℃，湿度约 80%，时间约 1 小时。最后在发酵好的面团上刷上全蛋液，再将剩余的卡仕达酱装入裱花袋，在裱花袋尖端剪一个小口，在面包上以转圈的形式挤出花纹。
6. 烤箱预热 180℃，中层上下火，时间 15 分钟左右。

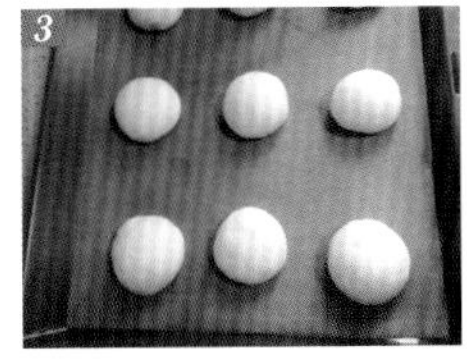

烘焙心语

在寒冷的冬日，匆忙的上班族怎样才能吃上热气腾腾的早餐？此时，面包因为既便于携带又能暖胃，自然成为早餐首选。坐在办公室里，一个面包搭配一杯热气腾腾的咖啡，不仅营养丰富，而且吃后使人精力充沛。这款卡仕达酱包采用汤种法制作，虽然步骤简单，但是成品组织口感柔软，馅料清香，孩子和大人都很喜欢。

可可戚风辫子面包

材料 Material

可可蛋糕

- 蛋黄 4 个
- 糖 15 克
- 牛奶 60 克
- 玉米油 50 克
- 低筋粉 60 克
- 可可粉 20 克
- 蛋白 4 个
- 糖 60 克

面包面团

- 高筋粉 300 克
- 奶粉 18 克
- 牛奶 172 克
- 糖 45 克
- 黄油 27 克
- 即发酵母粉 3 克
- 蛋清 27 克
- 盐 3 克

做法 Practice

1. 蛋黄中加入 15 克糖拌匀。
2. 再加入玉米油拌匀。
3. 接着加入牛奶拌匀。
4. 低筋粉和可可粉混合过筛，分 3 次加入步骤 3 的蛋黄中，拌至没有小疙瘩备用。
5. 蛋白中加入几滴白醋并用打蛋器打至粗泡，再逐次加入 60 克糖继续打发至硬性发泡。
6. 步骤 5 中的蛋白糊，先取 1/3 加入步骤 4 的蛋黄糊中翻拌均匀；继续取 1/3 的蛋白糊加入蛋黄糊中拌匀。
7. 将步骤 6 中的蛋黄糊倒入剩余的蛋白糊中翻拌均匀。
8. 将步骤 7 的面糊倒入烤盘中，烤箱预热 170℃，中层上下火，时间 18 分钟。
9. 蛋糕取出放凉后按 12 厘米 ×28 厘米的规格分割成一片。
10. 面团材料用后油法揉至扩展阶段后进行 1 次发酵。
11. 将发酵好的面团排气，然后擀开成 32 厘米 ×28 厘米的大片。
12. 步骤 9 中的蛋糕片，先刷上一层糖水，然后放在步骤 11 的面块中间。
13. 在没有被蛋糕覆盖住的面块上，用刀均匀对称地切割成长条。
14. 将蛋糕两侧的面片小长条交替向中间折叠，遮盖住蛋糕片，然后进行 2 次发酵。
15. 面团发酵好后，刷上蛋液，烤箱预热 180℃，中层上下火，时间 22 分钟。

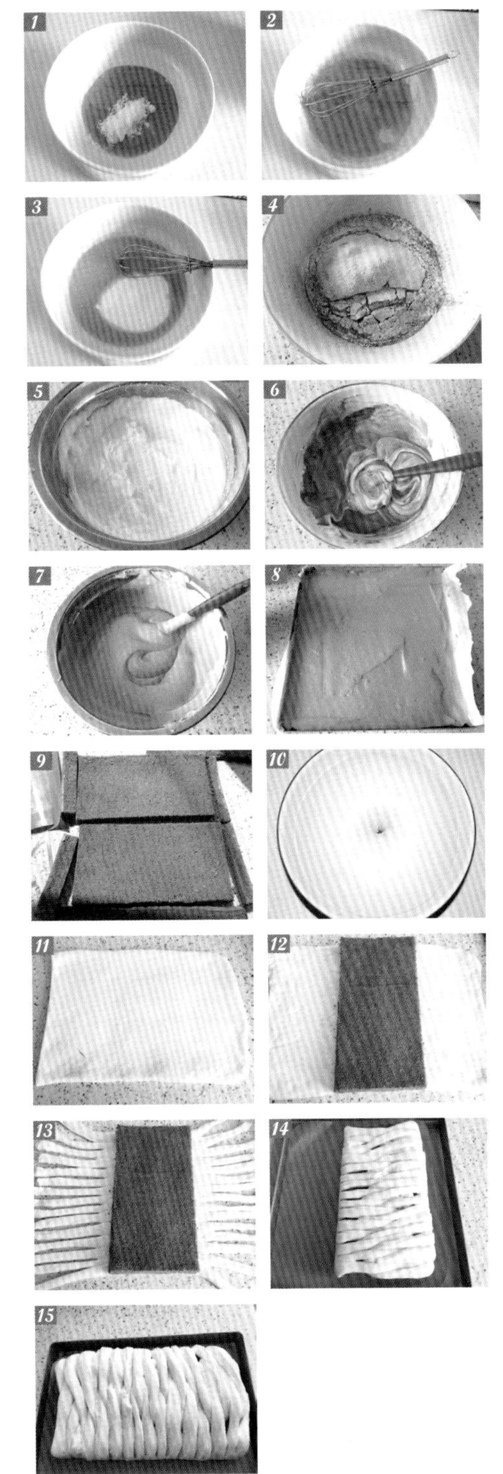

玫瑰盐果干软欧

材料 Material

面团

高筋粉 300 克
低筋粉 200 克
蜂蜜 50 克
玫瑰盐 10 克
胚芽粉 15 克
冰水 330 毫升
即发酵母粉 5 克

内馅

奶油奶酪 160 克
杏仁 100 克
果干 100 克

做法 Practice

1. 将材料称量好备用。
2. 将面团材料混合揉至扩展阶段后进行 1 次发酵。
3. 面团发酵好后，排气并平均分割成三份。
4. 将分割后的面团分别擀开成椭圆形。
5. 将杏仁、果干、奶酪均匀摆放在面片上。
6. 将面片沿着长边卷起，将收口边捏紧并朝下放置。
7. 将做好的面包胚子摆放在模具上进行 2 次发酵。
8. 待面包胚发酵至 2 倍大后在表皮喷水。
9. 烤箱预热 190℃，中层烤 20 分钟。

桂圆红酒葡萄干软欧

材料 Material

高筋面粉 270 克
全麦面粉 30 克
红糖 30 克
盐 4 克
酵母 3 克
牛奶 210 克
黄油 30 克
桂圆干 60 克
红酒（泡果干用）45 克

做法 Practice

1. 桂圆干洗净并沥干水分，然后用红酒浸泡，再罩上保鲜膜放入冰箱冷藏一夜备用。
2. 用后油法将面团揉至扩展阶段后，加入浸泡好的桂圆干揉匀。
3. 步骤 2 的面团进行 1 次发酵至 2 倍大。
4. 将发酵好的面团排气，并平均分割成 5 个小面团，分别滚圆并进行 2 次发酵。
5. 在发酵好的面团上筛上薄粉，并在四周割包。
6. 烤箱预热 190℃，面包放入烤箱前喷水制造蒸汽，放入面包后，中层上下火，时间 25 分钟。

1

2

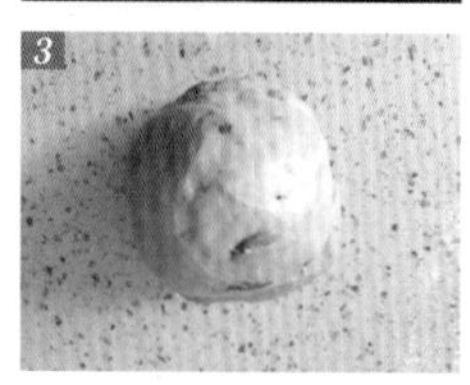
3

4

5

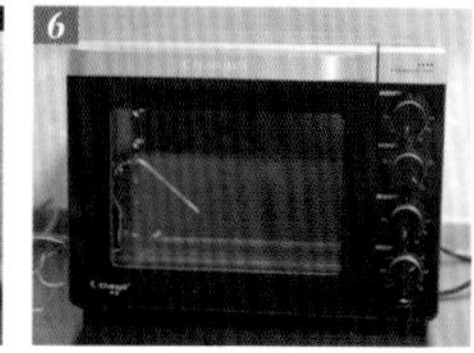
6

蓝莓巧克力欧包

材料 Material

高筋粉 290 克　　盐 3 克
蓝莓果泥 120 克　　白糖 30 克
水 50 克　　巧克力豆 80 克

做法 Practice

1. 将除了巧克力豆以外的其他材料混合揉至扩展阶段，再加入巧克力豆拌匀进行 1 次发酵。
2. 将发酵后的面片排气，并分割成 7 等份，滚圆松弛 10 分钟。
3. 面团松弛好后，擀开成椭圆形。
4. 将擀开的面片翻面卷起。
5. 将面团的收口捏紧。
6. 面团收口朝下放置。
7. 将面团摆入烤盘中进行 2 次发酵至 2 倍大。
8. 烤箱预热 180℃，中层上下火，时间 20 分钟。

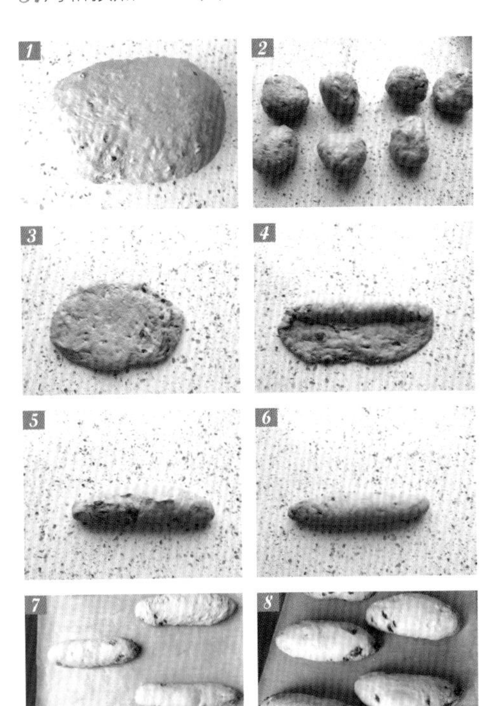

紫甘蓝葡萄干欧包

材料 Material

高筋粉 300 克
紫甘蓝蔬菜汁 180 克
鸡蛋 1 个
即发酵母粉 3.5 克
白糖 25 克
盐 3 克
葡萄干 80 克
朗姆酒适量

做法 Practice

1. 将葡萄干洗净沥水，然后用朗姆酒浸泡一夜备用。
2. 把除葡萄干和朗姆酒以外的其他材料，混合揉至扩展阶段后进行 1 次发酵。
3. 面团发酵好后，排气并分割成每个约 80 克的小面团，分别滚圆并松弛 10 分钟。
4. 将步骤 3 的面团擀开，铺上葡萄干。
5. 将步骤 4 的面片卷起，将收口捏紧并朝下放置。
6. 再次将步骤 5 的面团擀开。
7. 像包糖三角那样先将面团的两边折起捏紧。
8. 然后将面团的第三边折起与前两边一起捏紧。
9. 面团收口朝下放置，在烤盘里进行 2 次发酵至 2 倍大。
10. 烤箱预热 200℃，中层上下火。在面团表面筛上面粉，用割刀划开三条口，放入烤箱后将温度调到 180℃，烘烤 20 分钟。

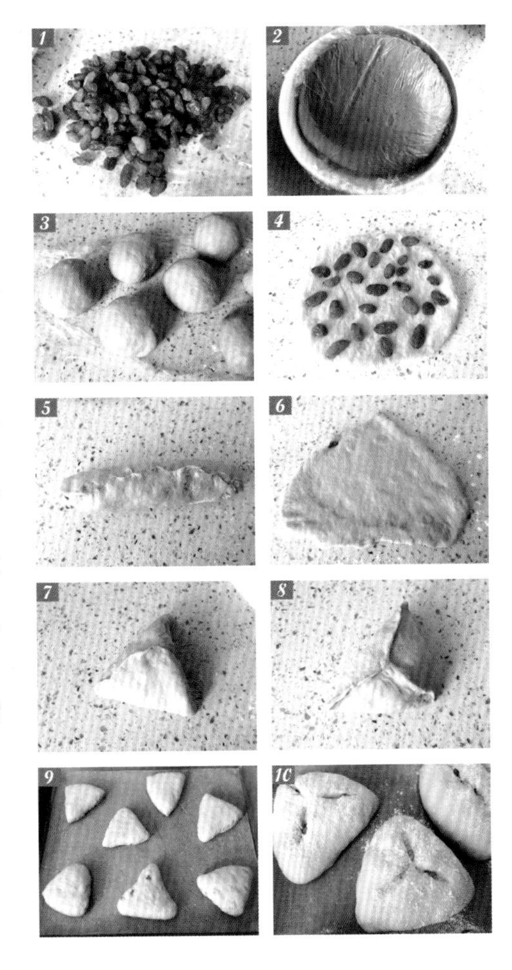

巧克力核桃布里欧修

材料 Material

高筋粉 250 克	可可粉 25 克	盐 3 克	即发酵母粉 3 克
全麦粉 30 克	黄油 50 克	鸡蛋 25 克	核桃 50 克
奶粉 12 克	白糖 24 克	水 160 克	

做法 Practice

1. 将除了可可粉和核桃以外的其他材料混合成团，并用后油法揉至扩展阶段进行 1 次发酵。
2. 发酵好后将面团排气，并按 60 克面团和 40 克面团分别分割成 5 份。在每个 60 克面团中加入 5 克可可粉和 10 克核桃揉匀。
3. 将 40 克原味面团压扁并擀成圆形。
4. 将可可面团放在原味面团上，用原味面团包裹住可可面团。
5. 将面团的收口捏紧并朝下放置。
6. 用剪刀在面团表面剪出一个十字刀口，然后将面团进行 2 次发酵至 2 倍大。烤箱预热 190℃，中层上下火，时间 22 分钟。

1

2
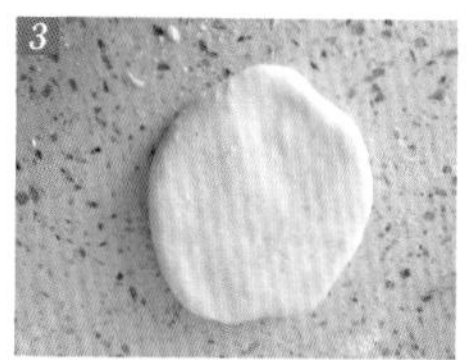
3

4

5

6

全麦酸奶吐司

材料 Material

高筋粉 230 克
全麦粉 70 克
酸奶 230 克
鸡蛋 30 克
黄油 25 克
白糖 40 克
盐 3 克

做法 Practice

1. 将除了黄油以外的其他材料混合放入面包桶，启动揉面程序，时间约 15 分钟。
2. 加入黄油，再次启动揉面程序，时间约 30 分钟。
3. 步骤 2 的揉面结束后，继续选择揉面程序，定时约 15 分钟，面团就可以出膜。
4. 选择“发酵和烘烤”程序,时间约 90 分钟，发酵和烘烤一键完成。

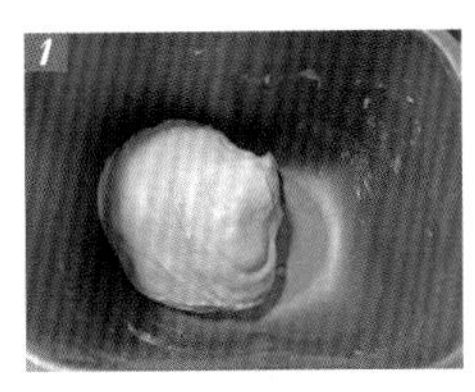

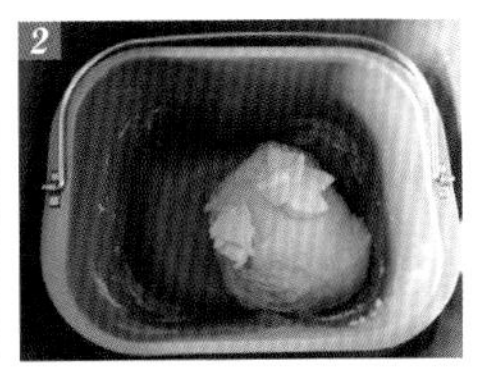

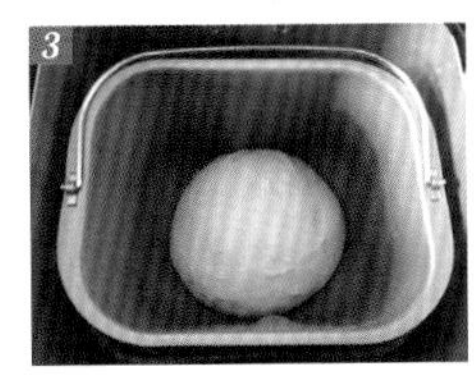

烘焙心语

这是一款用面包机制作的面包。对于上班族来说，能够省时省力地做出好吃的面包当早餐是一件很惬意的事。这款用面包机做的吐司是我经过多次尝试后研究出来的配方。前一天晚上做出吐司，次日早餐时吃，口感依旧绵软，非常好吃。我的家人也很喜欢这款吐司，大家可以尝试一下。

绿豆沙迷你花朵吐司

材料 Material

高筋粉 250 克
燕麦 15 克
绿豆 1000 克
盐 3 克
糖 20 克
即发酵母粉 3 克
黄油 28 克

做法 Practice

1. 绿豆洗净后加水熬煮，待软烂后，滤出绿豆渣并过筛。
2. 绿豆渣过筛后，将细腻的绿豆沙取出 250 克左右，盛入容器备用。
3. 将面团材料中除燕麦以外的其他材料，投入面包桶内搅拌至完全扩展阶段。
4. 再将燕麦加入步骤 3 的面团中混合均匀。
5. 将步骤 4 的面团进行 1 次发酵。
6. 在 4 寸中空模具内涂抹上一层黄油，再撒上薄粉后放入冰箱冷藏备用。
7. 步骤 5 中的面团发酵完成后，排气并松弛约 10 分钟，然后平均分割成每份约 30 克的小面团。
8. 将小面团放入模具内，总共摆放 5 个，面团之间不要过于紧密（本配方大约需要 4 个 4 寸中空模具）。
9. 将步骤 8 中的面团进行 2 次发酵至 2 倍大。
10. 烤箱上下温度设为 170℃，将模具连同面团一起放入下层烘烤 16 分钟。

能拉丝的排包

材料 Material

高筋粉 250 克	鸡蛋 50 克
白糖 40 克	牛奶 140 克
黄油 40 克	即发酵母粉 4 克
奶粉 10 克	盐 2 克

烘焙心语

这款面包从和面、揉面、发酵到整形和烤制，全过程都是儿子独立操作完成，这也是儿子第一次亲手体验制作面包的乐趣。成品效果非常好，得到了全家人的赞许。

做法 Practice

1. 将揉好的面团放入抹了油的容器中，盖上保鲜膜进行 1 次发酵。
2. 面团排气后，平均分割成 9 份，每份约 60 克，分别滚圆并盖上保鲜膜松弛 10 分钟。
3. 将步骤 2 中的小面团分别擀开成椭圆形。
4. 将椭圆形面团卷起，并将收口捏紧。
5. 将所有面团整形好后，摆入烤盘进行 2 次发酵。
6. 待面团发酵至 2 倍大后，刷上蛋液。
7. 烤箱预热 180℃，中层上下火，时间 18 分钟。
8. 将烤好的面包轻轻撕开，就能看见漂亮的拉丝和超柔软的组织。

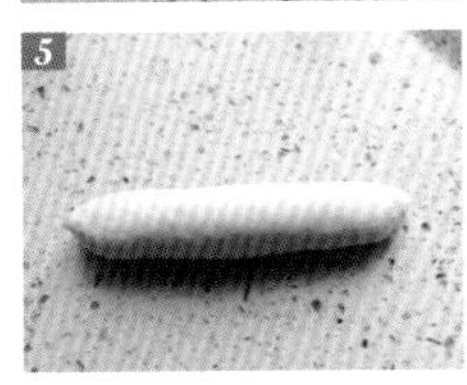

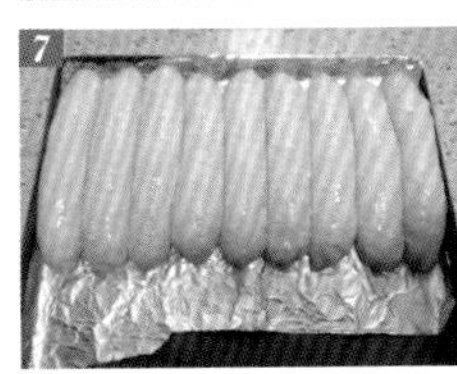

香葱芝士面包

材料 Material

面团

高筋粉 250 克
酵母 3 克
糖 30 克
盐 5 克
蛋液 20 克
牛奶 150 克
黄油 20 克

装饰

蛋液适量
香葱少许
芝士适量

做法 Practice

1. 面团材料混合后用后油法揉至扩展阶段，并进行 1 次发酵。
2. 面团发酵好后，排气并分割成每个约 80 克的小面团，分别滚圆松弛 10 分钟后擀开成椭圆形。
3. 将步骤 3 的面团翻面并卷成橄榄形，将收口捏紧。
4. 将步骤 4 的面团放入纸膜中进行 2 次发酵。
5. 面团发酵好后，刷上蛋液，撒上葱花，铺上一层芝士。
6. 烤箱预热 175℃，中层上下火，时间约 18 分钟。

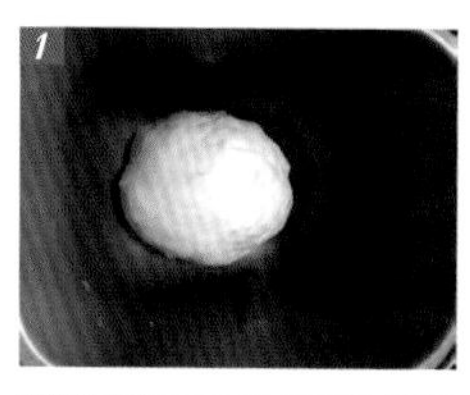
1

2

3

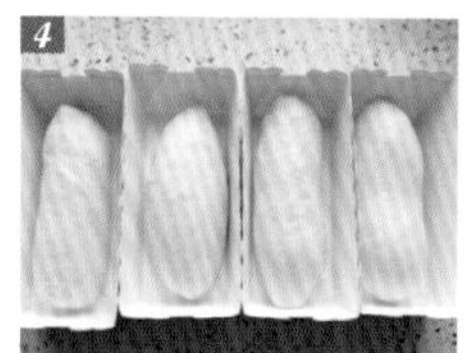
4

5

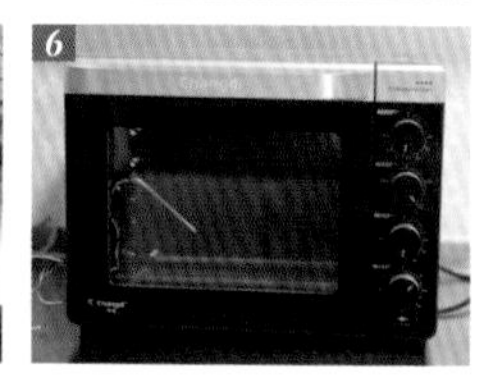
6

美猴王肉松包

材料 Material

面团

高筋粉 290 克
白糖 50 克
盐 2 克
即发酵母粉 3 克
鸡蛋 40 克
牛奶 140 克

装饰

肉松 100 克
巧克力酱适量
蜂蜜水适量

做法 Practice

1. 用后油法将面团揉至扩展阶段后进行 1 次发酵。
2. 发酵完成，将面团排气并分割成 3 个大面团和 6 个小面团，大面团每个约 90 克，小面团每个约 3 克。
3. 将小面团粘在大面团两侧当耳朵，每个大面团上粘两个小面团。
4. 将做好的面包胚子摆入烤盘进行 2 次发酵。
5. 发酵完成后，烤箱预热 180℃，中层上下火，时间约 16 分钟。
6. 用芝士片剪出脸部形状。
7. 将剪好的芝士片粘在面包上做脸，其余部分刷上蜂蜜水，粘上肉松，最后用巧克力酱画出眼睛和嘴就完成了。

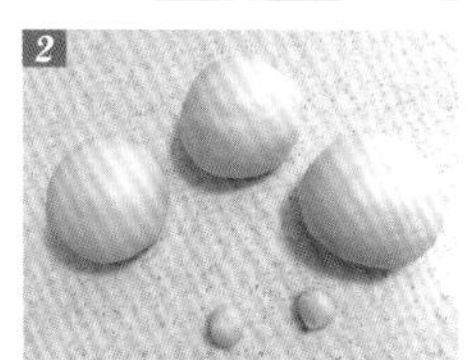

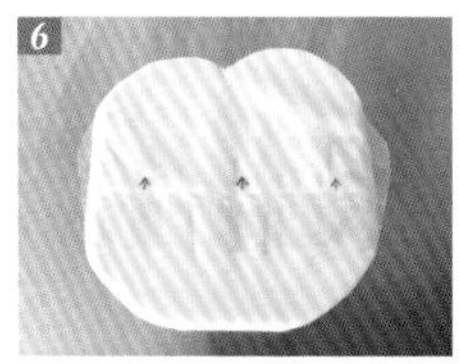

BONNE CHANCE!
Bonjour.
Je vais bien. Merci. Et vous?
Je suis en forme!
Bonne Chance!

葡萄干小餐包

材料 Material

汤种	面团		
金像面包粉 25 克	金像面包粉 188 克	酵母粉 3 克	清水 18 克
清水 100 克	低筋粉 47 克	细砂糖 30 克	汤种 80 克
	动物鲜奶油 56 克	盐 2 克	黄油 25 克
	奶粉 5 克	鸡蛋 37 克	葡萄干 60 克

做法 Practice

1. 取 25 克金像面包粉及 100 克清水放入锅中拌匀，让面粉充分吸收水分化开并无疙瘩。
2. 开小火并不断搅拌至面糊呈顺滑的糊状，然后离火并继续搅拌降温，防止底部粘结成块。
3. 盖上保鲜膜冷藏备用。
4. 将除了黄油以外的其他面团材料揉至面团出筋，再加入黄油揉至完全阶段，然后进行 1 次发酵。
5. 面团发酵完后，排气并松弛 10 分钟。
6. 将面团按每份约 80 克平分，再分别搓成长条状进行松弛。
7. 将步骤 6 的面团擀开成长方形。
8. 将步骤 7 的面团翻面卷起，收口朝下放置。
9. 将卷好的面团放入纸膜中进行 2 次发酵。
10. 面团发酵好后，在表面刷上一层蛋液。
11. 烤箱预热 180℃，中层上下火，时间 16 分钟。

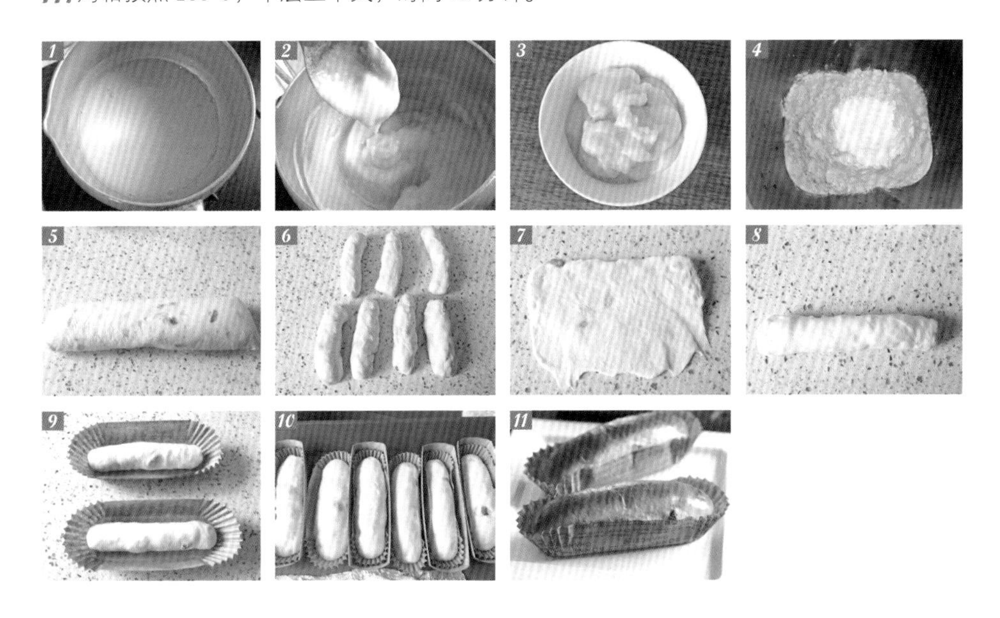

全麦酸奶餐包

材料 Material

汤种	面团		
金像面包粉 20 克	金像面包粉 160 克	酵母粉 2 克	清水 15 克
清水 80 克	全麦粉 28 克	细砂糖 30 克	汤种 60 克
	酸奶 45 克	盐 2 克	黄油 18 克
	奶粉 6 克	鸡蛋 28 克	

做法 Practice

1. 把 20 克金像面包粉和 80 克清水放入锅中拌匀，让面粉充分吸收水分化开并且无面疙瘩。
2. 把锅放在灶上，开小火加热并不断搅拌至面糊呈顺滑的糊状，然后离火，继续搅拌降温，防止面糊底部粘结成块。汤种就做好了。
3. 将做好的汤种盖上保鲜膜冷藏备用。
4. 面团材料中，除黄油以外，先把其他材料混合揉至面团出筋，再加入黄油揉至完全阶段后进行 1 次发酵。
5. 发酵完成，将面团排气并分割成每个约 60 克的小面团，分别滚圆。
6. 把面团逐个摆入 8 寸圆模中。
7. 待圆模中的面团 2 次发酵至 2 倍大后刷上蛋液。
8. 烤箱预热 180℃，中层上下火，时间 20 分钟。

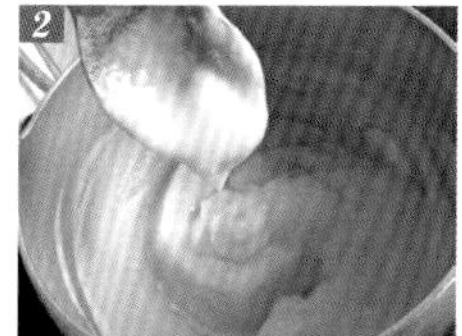

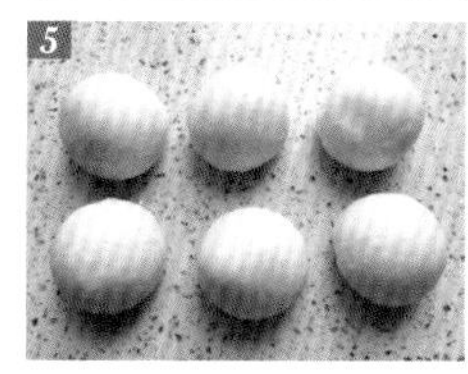

牛奶辫子吐司

材料 Material

中种面团

高筋粉 224 克
酵母粉 2.5 克
牛奶 155 克

主面团

高筋粉 56 克
糖 30 克
酵母粉 0.5 克
盐 3 克
鸡蛋 36 克
黄油 20 克

做法 Practice

1. 制作中种面团：将中种面团材料揉成团，再盖上保鲜膜冷藏发酵 17 ~ 22 小时。
2. 将中种面团撕碎后，加入到除黄油以外的主面团其他材料中，启动面包机的揉面程序，约 15 分钟后再加入黄油继续揉面约 30 分钟至面团出膜。
3. 将面团盖上保鲜膜醒发 20 分钟，再用手拍出气体，并将面团平均分割成 6 个小面团，分别滚圆并松弛 10 分钟。
4. 将面团分别擀成椭圆形。
5. 将椭圆形面团沿着长边卷起，收口朝下放置。
6. 再将步骤 5 中的面团搓成长条形状。
7. 将三根长条形状的面团放在一起，将首部捏紧。
8. 再把面团编成三股辫子，将尾部捏紧。
9. 把面团辫子的两头朝下对接。
10. 把步骤 9 中的面团放入模具中进行最后发酵。
11. 面团发酵好后在表面刷上蛋液。
12. 烤箱预热 170℃，中下层上下火，时间 18 分钟。

胚芽热狗面包

材料 Material

中种面团

高筋粉 120 克
全麦粉（含胚芽）20 克
即发酵母粉 3 克
椰奶 110 克
糖 8 克

主面团

高筋粉 60 克
椰粉 20 克
鸡蛋 30 克
香草精几滴
黄油 20 克

配料

培根适量
生菜叶适量
芝士片适量

做法 Practice

1. 将中种面团材料全部混合成团，放入冰箱 5℃冷藏发酵 17 ~ 22 小时后取出，将中种面团撕碎，与主面团材料混合在一起，用后油法揉至扩展阶段，然后将面团装入抹了油的塑料袋内发酵至面团体积约 2 倍大。
2. 发酵完成后，从塑料袋内取出面团，排气并分割成每个约 120 克的面团，分别滚圆后盖上保鲜膜松弛 10 分钟。
3. 将面团擀开成橄榄形。
4. 将橄榄形面团沿着长边向下折起 1/3。
5. 再将余下的 1/3 向上折起，将收口捏紧并朝下放置。
6. 将整形后的面团放入模具中进行 2 次发酵。
7. 发酵完成后，在面团表皮用割刀斜着割三刀。
8. 烤箱预热 180℃，中层上下火，时间 18 分钟。将烤好的面包放凉并拦腰切开，但不要切断，放入配料就可以食用了。配料可以按个人喜好进行选择。

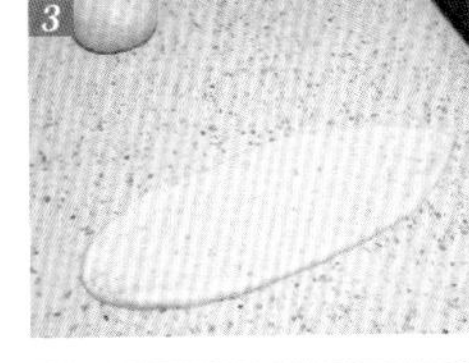
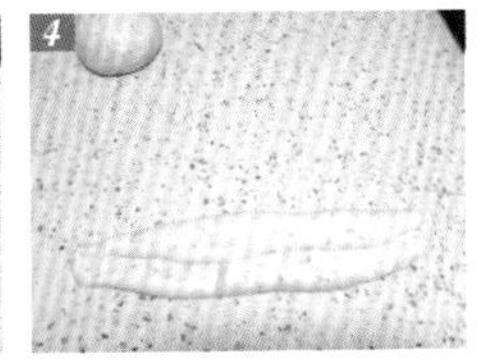
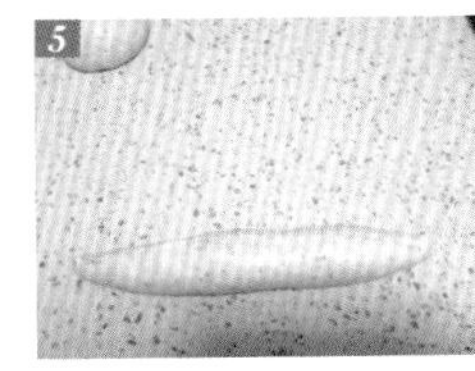

stollen

史多伦圣诞面包

材料 Material

中种面团

中筋粉 125 克
牛奶 50 克
即发酵母粉 2 克
鸡蛋 40 克

主面团

中筋粉 125 克
糖 35 克
盐 1 克
即发酵母粉 2 克
黄油 80 克
牛奶 80 克
综合果干 100 克
朗姆酒适量

装饰

黄油（溶化）20 克
糖粉适量

做法 Practice

1. 将中种面团材料混合均匀后，盖上保鲜膜，冰箱中 5℃冷藏发酵 17 ～ 22 个小时。
2. 将中种面团取出后撕碎并放入面包桶内。主面团材料中，将综合果干放入朗姆酒中浸泡；将其余材料放入面包桶内，启动面包机的揉面程序，将面团揉至扩展阶段后，加入用朗姆酒浸泡好的综合果干，继续将面团揉匀。
3. 将揉好的面团进行 1 次发酵至面团体积约 2 倍大。
4. 将发酵好的面团排气并平均分成两份，分别滚圆并松弛 10 分钟。
5. 再将面团擀开成椭圆形。
6. 把椭圆形面团对折，两侧边不需要完全重合，可以错开一点距离。
7. 用擀面杖在中间压一条痕印。
8. 将步骤 7 的面团 2 次发酵至面团约 2 倍大。
9. 烤箱预热 180℃，中层上下火，时间 30 分钟。烤好后出炉并趁热刷上黄油，放凉后再撒上糖粉即可。

烘焙心语

史多伦圣诞面包（Stollen）在欧洲流传了三百多年，它是德国传统的圣诞面包，其配方中的黄油和鸡蛋含量较多，面团中还加入了大量酒渍水果干。虽然史多伦圣诞面包看起来其貌不扬，似乎和普通乡村面包没什么两样，但是它的组织柔软，口感甜美。这款面包可以保存较长时间，可以作为节日美食。

Flour:flour made from wheat kernels for baking
Sugar:a seasoning for creating

小狗汉堡

材料 Material

中种面团

高筋粉 224 克
酵母粉 2.5 克
牛奶 155 克

主面团

高筋粉 56 克
糖 30 克
酵母粉 0.5 克
盐 3 克
鸡蛋 36 克
黄油 20 克

装饰

葡萄干适量
朗姆酒适量

内馅

卷心菜适量
沙拉适量
脆皮肠适量

做法 Practice

1. 制作中种面团：将中种面团材料混合揉成团，盖上保鲜膜冷藏发酵 17 ~ 22 小时。
2. 将中种面团撕碎后加入主面团材料中，用后油法揉至扩展阶段进行 1 次发酵至面团约 2 倍大。
3. 将发酵好的面团排气，按每个面团约 80 克分割，分别滚圆并盖上保鲜膜松弛 10 分钟。
4. 接着将面团分别擀成椭圆形。
5. 将椭圆形面团沿着长边卷起，收口朝下放置。
6. 将步骤 5 中的面团松弛 10 分钟。
7. 再将步骤 6 中的面团轻轻擀开成扁扁的椭圆状。
8. 用剪刀在面团两侧剪两道口子作为小狗的耳朵。
9. 将步骤 8 的面团放入烤盘进行 2 次发酵，然后刷上蛋液。
10. 在面团上放上三颗用朗姆酒浸泡好的葡萄干，作为小狗的鼻子和眼睛。
11. 烤箱预热 175℃，中层上下火，时间约 15 分钟。
12. 将烤好的面包取出放凉后，用刀把小狗面包的脸部切开，放入切好的卷心菜，再挤入适量沙拉，放上一根脆皮肠就做成了可爱的小狗汉堡。

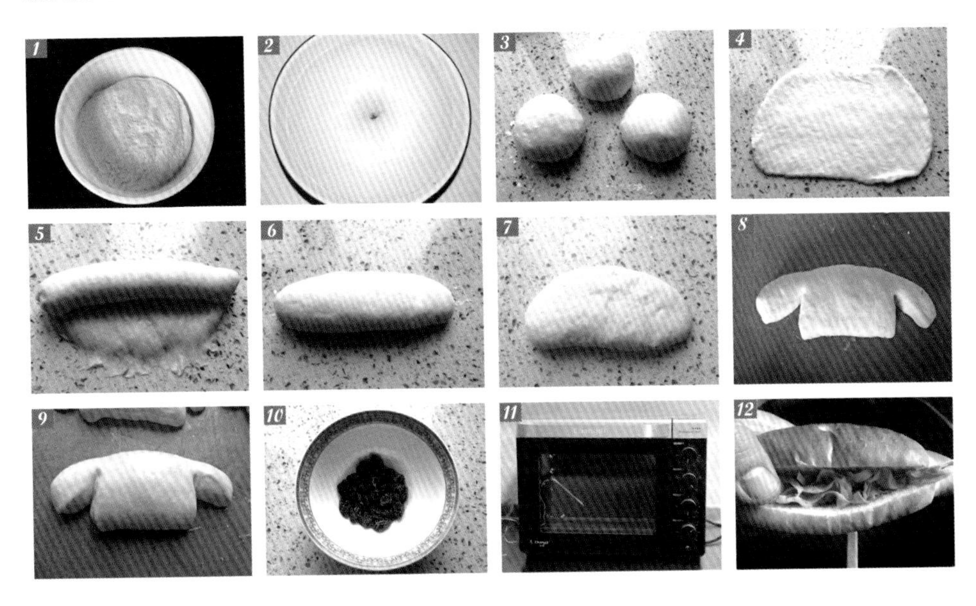

小熊肉松挤挤包

材料 Material

中种面团

高筋粉 110 克
即发酵母粉 1 克
全蛋液 18 克
牛奶 60 克

主面团

高筋粉 50 克
细砂糖 26 克
即发酵母粉 1.5 克
奶粉 6 克
盐 2 克
水 25 克
黄油 15 克

内馅

肉松 60 克

装饰

白巧克力适量
黑巧克力适量

做法 Practice

1. 将中种面团材料混合揉成团，盖上保鲜膜，室温发酵 90 分钟至面团体积约 2 倍大。
2. 面团发酵好后，掀开表面能看到内部组织中有蜂窝状的密集气孔。
3. 将中种面团撕碎后放入面包机中，与除了黄油以外的其他主面团材料混合，先慢速搅拌，再快速搅打。
4. 持续搅打面团，直到从面团上揪下一小块面，用手能撑开不稳定的膜时停止搅打。
5. 黄油切成小块室温软化后加入步骤 4 中。
6. 继续搅打面团，直至面团表面光滑，此时揪下一小块面团，用手能够拉出一层薄膜，用手指戳薄膜，需要稍稍用力才能戳出一个洞，而且洞的边缘光滑没有锯齿形状。
7. 从面包机中取出面团，放在案板上，盖上保鲜膜后松弛 10 分钟。
8. 将面团平均分割成每个约 50 克的小面团并分别滚圆。
9. 将每个小面团按扁，分别包入 10 克肉松。
10. 将收口捏紧并朝下放置。
11. 把所有面团放入模具中，每个面团之间稍微留出一点距离。
12. 将每个 1 克的小面团分别搓圆并摆放在每个大面团的两侧作为小熊的耳朵。

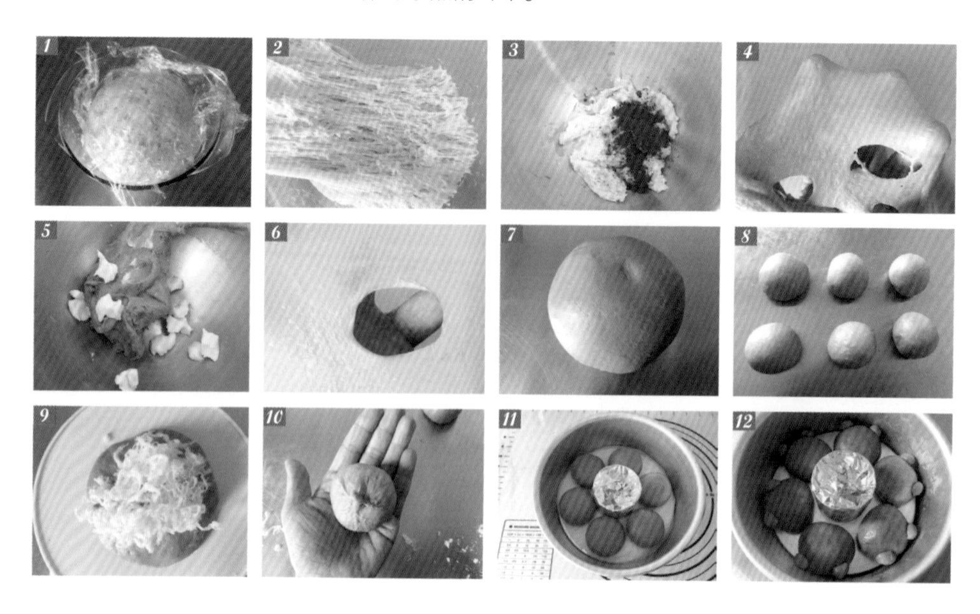

13. 面团二次发酵至约 2 倍大。

14. 烤箱预热 180℃，中层上下火，时间 25 分钟。

15. 烘烤结束后，将面包脱模放凉，再挤上巧克力酱作为小熊的眼睛和鼻子。

13

14

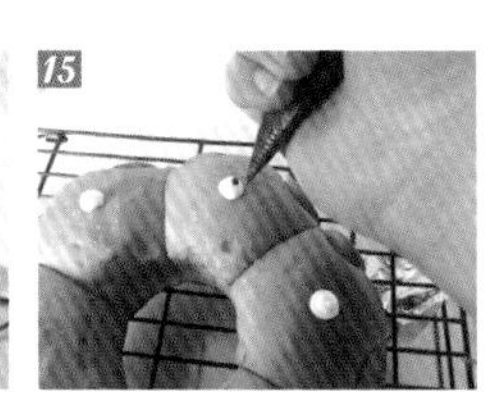

15

烘焙心语

中种面团在室温发酵至 2 倍大的过程中，时间可以根据温度决定，90 分钟只是一个参考数值。也可以冷藏发酵，通常在冰箱中 5℃冷藏，发酵时间大约需要 17～22 小时。

黄油通常在面团揉出面筋后加入，此时面团能够拉出膜，但是膜很容易破。

制作这款面包时，如果没有合适的烟囱模具，也可以将一个直径 6 厘米的小号慕斯圈用锡纸包裹好，再放入一个抹好黄油的 8 寸模具中作为模具。

可颂面包

材料 Material

酵头（100% 水粉比）

酵种 13 克
牛奶 24 克
高筋粉 42 克

主面团

高筋粉 205 克
椰子粉 15 克
糖 40 克
盐 3 克
牛奶 90 克
淡奶油 70 克
酵头全部

做法 Practice

1. 将除盐之外的面团材料混合均匀成团，放入碗中，盖上保鲜膜，放入冰箱 2℃ ~ 4℃冷藏 20 分钟。
2. 然后将面团取出，撒入盐，再用手将面团一边拉伸起来，然后折叠。
3. 旋转面盆，重复步骤 2 的作法 5 ~ 6 次。
4. 面盆放入冰箱继续冷藏 20 分钟，然后重复步骤 2 和 3 进行拉伸和折叠。
5. 面团再次冷藏 20 分钟后取出，这时的面团已经能够微微拉出膜了。
6. 将面团冷冻 30 分钟。
7. 取出面团擀开成一个大的正方形。
8. 将黄油擀成比面团小的正方形，放到面团的中间。
9. 用十字裹油法将黄油包裹好，收口捏紧。
10. 用擀面杖从中间向两头擀开。
11. 将面片进行 1 次 3 折放入保鲜袋冷藏 20 分钟。

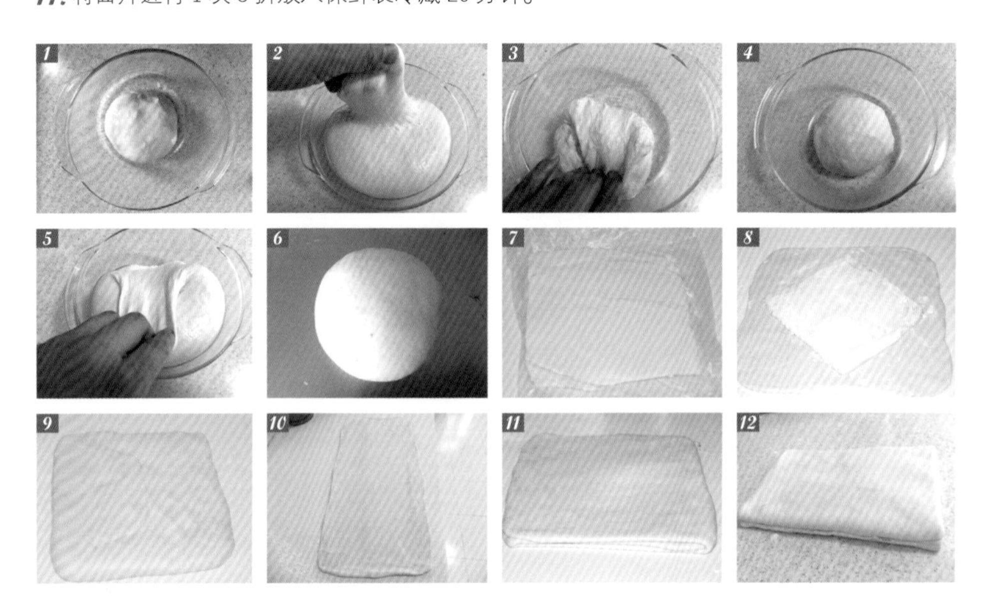

12. 重复步骤10和步骤11，进行第2次3折，放入冰箱冷藏20分钟。

13. 重复步骤10和步骤11进行第3次3折后放入冰箱冷冻30分钟。

14. 将面团擀开成厚度4毫米的大片。

15. 将边角裁掉。

16. 然后分割成底9厘米×高18厘米的等腰三角形。

17. 用三角形底边轻轻顺势卷起，收口朝下。放入烤盘进行最后的发酵。

18. 发酵好的可颂表面刷蛋液，注意不要刷到层次的部分，烤箱预热220℃，中层上下火，烤10分钟后，降温到205℃，接着烤8分钟。

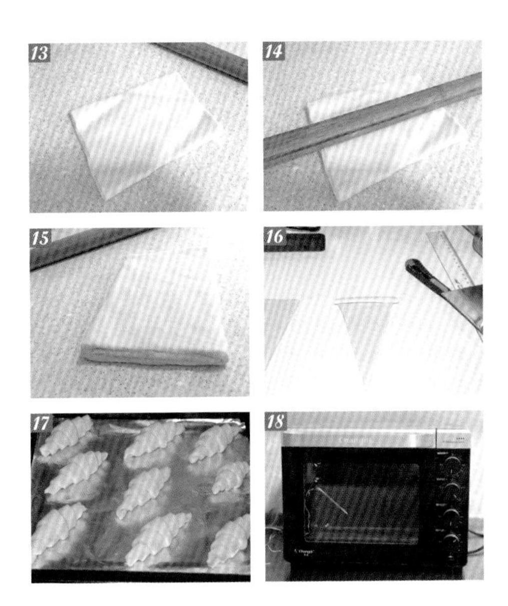

葱香黄油包

材料 Material

液种

高筋粉 300 克

水 300 克

即发酵母粉 1 克

主面团

高筋粉 180 克

糖 50 克

即发酵母粉 1 克

盐 1 克

全蛋 40 克

黄油 20 克

蜂蜜 16 克

冷藏液种 200 克

装饰

全蛋液 30 克

香葱 50 克

黄油 10 克

做法 Practice

1. 制作液种：将液种材料混合后盖上保鲜膜，在室温中放置 1 小时，再放入冰箱中 5℃低温冷藏 16 小时以上。
2. 将步骤 1 中的液种材料与主面团材料混合，再放入面包桶中，并搅拌至扩展阶段。
3. 面团放在面包机中发酵至面团约 2 倍大。
4. 将发酵好的面团排气，再按每个面团约 70 克平分，分别滚圆后松弛 10 分钟。
5. 分别将每个面团擀成椭圆形后，两侧长边向中间对折，再将收口处捏紧并朝下放置。
6. 将步骤 5 的面团翻面并将底边压薄。
7. 将步骤 6 的面团从上往下卷起，将收口处捏紧。
8. 将步骤 7 的面团的收口朝下放置并摆入烤盘。
9. 用刀将面团的表面划开。
10. 将面团进行 2 次发酵至约 2 倍大。
11. 在面团表面刷上蛋液，铺上混合好的装饰材料（20 克全蛋液与 10 克黄油和 50 克小香葱碎混合均匀）。
12. 烤箱预热，上火 200℃，下火 180℃，中层上下火，时间约 12 分钟。

胚芽肉松面包

材料 Material

液种	主面团		装饰
高筋粉 300 克	高筋粉 325 克	盐 5 克	沙拉酱适量
水 300 克	酵母粉 5 克	奶粉 10 克	儿童肉松适量
即发酵母粉 1 克	鲜奶 130 克	熟胚芽粉 30 克	
	全蛋 1 个	黄油 30 克	
	细砂糖 60 克	冷藏液种 250 克	

做法 Practice

1. 将液种材料混合后盖上保鲜膜，在室温中放置 1 小时，然后放入冰箱 5℃冷藏 16 小时以上。
2. 液种面团发酵好后，体积大约会增加到 2 ~ 2.5 倍大，面团内部充满气泡。
3. 将液种面团与主面团材料混合，并用后油法揉至扩展阶段，进行 1 次发酵至面团 2 倍大。
4. 将发酵好的面团排气，再平均分割成每个约 80 克的小面团，分别滚圆并松弛 30 分钟。
5. 分别将每个面团擀成椭圆形，再将面团翻面后从上往下卷起。
6. 将面团收口处捏紧后朝下放置。
7. 将步骤 6 的面团放在烤盘上进行 2 次发酵。
8. 待面团发酵好后刷上全蛋液。
9. 烤箱预热，上火 170℃，下火 180℃，中层上下火，时间 16 分钟。
10. 出炉后放凉，再挤上沙拉酱，然后铺上肉松就可以食用了。

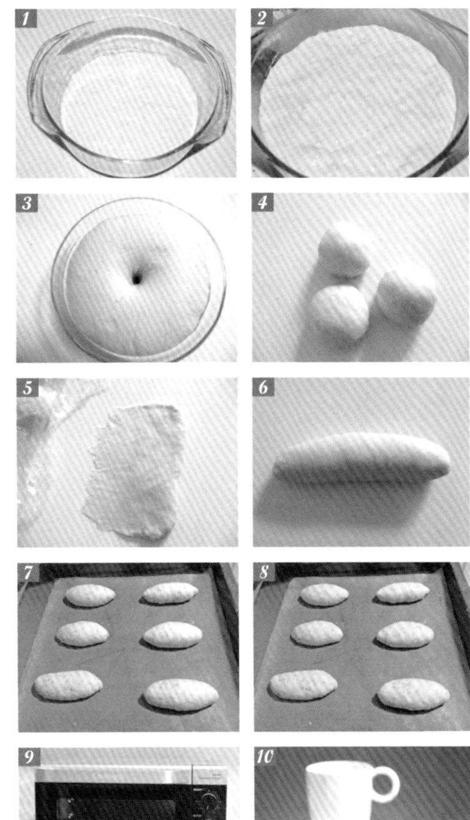

胚芽杂粮包

材料 Material

面团		内馅	装饰
高筋面粉 230 克	亚麻籽 20 克	核桃 40 克	胚芽适量
盐 2 克	全蛋 25 克	蔓越莓干 40 克	
细砂糖 40 克	水 140 克		
即发酵母粉 3 克	无盐黄油 30 克		
燕麦片 20 克	冷藏老面种 50 克		

做法 Practice

1. 将面团材料用后油法揉至完全阶段。
2. 揉好的面团 1 次发酵至 2 倍大。
3. 面团排气并按每个面团 120 克进行分割，分别滚圆松弛 10 分钟。
4. 将面团擀开成椭圆形。
5. 接着翻面后底边压薄。
6. 取核桃和蔓越莓干各 10 克铺在面团上。
7. 将面团从上往下卷起。
8. 收口捏紧朝下放置。
9. 在面团上面喷洒少许水，然后蘸满胚芽。
10. 将面包胚子摆入烤盘。
11. 2 次发酵至 2 倍大。
12. 烤箱预热 180℃，中层上下火，时间 16 分钟。

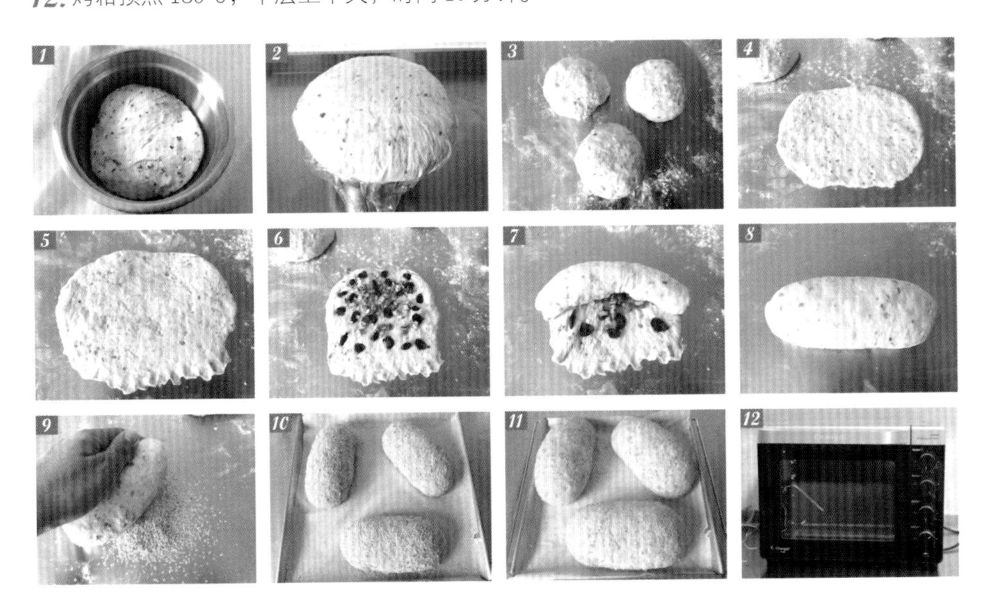

巧克力核桃包

材料 Material

核桃面团

高筋面粉 150 克
细砂糖 7 克
盐 2 克
即发酵母粉 2 克
冷藏老面种 90 克
生核桃仁 40 克

巧克力面团

高筋面粉 200 克
即发酵母粉 2.5 克
细砂糖 33 克
盐 3 克
奶粉 8 克
可可粉 8 克
冷藏老面种 50 克
巧克力酱 15 克
水 150 克
无盐黄油 15 克

做法 Practice

1. 将核桃面团材料中除生核桃仁以外的其他材料揉至完全阶段，再加入生核桃仁稍稍揉匀即可，然后将面团放入盆中进行 1 次发酵。
2. 将巧克力面团材料混合揉至完全阶段后，放入盆中进行 1 次发酵。
3. 待核桃面团发酵至 2 倍大后取出排气。
4. 待巧克力面团发酵至 2 倍大后取出排气。
5. 将核桃面团和巧克力面团分别分割成每份约 100 克的面团，再将每个面团分别滚圆并松弛 10 分钟。
6. 将巧克力面团擀开成椭圆形，然后翻面并将底边压薄。
7. 将核桃面团也擀开成椭圆形，面积比巧克力面团略小一圈。
8. 将核桃面团放到巧克力面团上面。
9. 将步骤 8 的面团从上往下卷起，并将收口处捏紧，朝下放置。
10. 将步骤 9 的面包胚子摆放到烤盘上。
11. 待面团进行 2 次发酵至 2 倍大后，筛上薄面，再用刀划开成树叶形状。
12. 烤箱预热上火 190℃，下火 180℃，中下层上下火，时间 23 分钟。

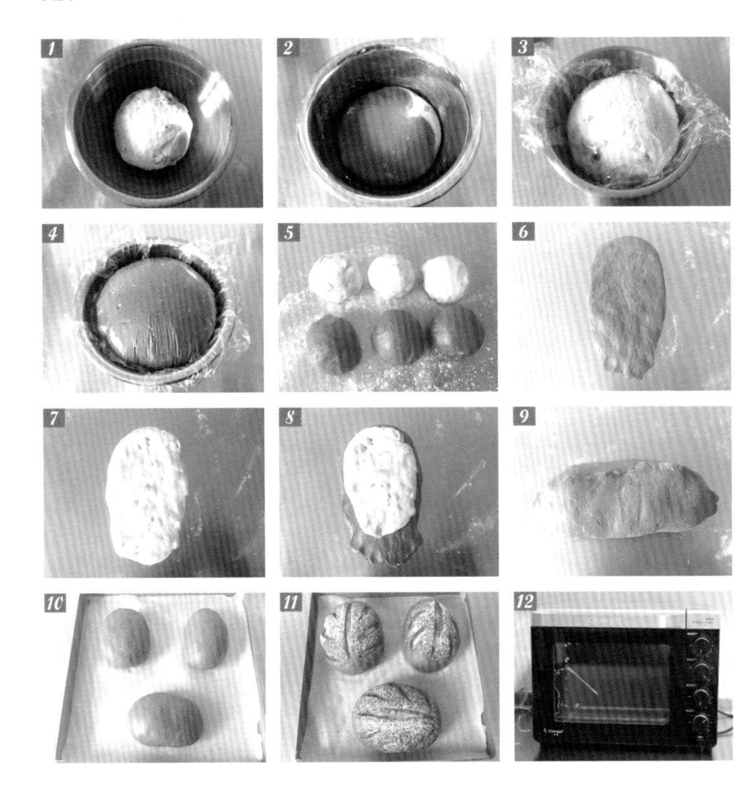

香烤馒头包

材料 Material

液种

高筋粉 300 克
水 300 克
即发酵母粉 1 克

主面团

高筋粉 205 克	牛奶 15 克
糖 50 克	黄油 20 克
即发酵母粉 1 克	蜂蜜 16 克
盐 1 克	冷藏液种 200 克
全蛋 40 克	

装饰

牛奶适量

做法 Practice

1. 制作液种：将液种材料混合后盖上保鲜膜，室温放置 1 小时，再放入冰箱 5℃低温冷藏 16 小时以上，待其发酵至 2 倍大后，取出约 200 克放入面包桶中。
2. 将主面团材料放入面包桶，与液种材料一起混合搅拌至扩展阶段。
3. 将搅拌好的面团留在面包机中，待其发酵至 2 倍大。
4. 将面团排气，平均分割成每个约 90 克的小面团，分别滚圆并松弛 10 分钟。
5. 将步骤 4 的面团摆入烤盘进行 2 次发酵。
6. 待面团发酵至 2 倍大。
7. 面团发酵好后，在表面用刀轻轻割几道，然后在表面刷上一层牛奶。
8. 烤箱预热，上火 200℃，下火 180℃，中层上下火，时间约 14 分钟。

Part 3

蛋糕篇

当布朗尼遇上磅蛋糕

材料 Material

布朗尼蛋糕

黑巧克力 140 克
黄油 50 克
白糖 40 克
鸡蛋 1 个
低筋粉 35 克

磅蛋糕

黄油 120 克
糖 60 克
鸡蛋 2 个
低筋粉 120 克
泡打粉 2 克
牛奶 50 毫升

做法 Practice

1. 将黑巧克力和黄油切块放入碗中，再隔着热水使其融化成糊状。
2. 再加入白糖拌匀。
3. 接着加入鸡蛋拌匀。
4. 最后加入低筋粉拌和成面糊。
5. 把步骤 4 的面糊倒入模具，烤箱预热 180℃，烘烤 5 分钟。
6. 将磅蛋糕中的黄油和白糖放入容器中拌匀，并打发至呈膨松状态。
7. 再加入鸡蛋打匀。
8. 接着加入牛奶打匀。
9. 然后加入过筛的粉类混合物拌匀。
10. 拌合好的面糊静置 10 分钟。
11. 面糊倒入步骤 5 的模具内继续填充至模具约 8 分满。
12. 烤箱预热 160℃，中层上下火，时间约 20 分钟。

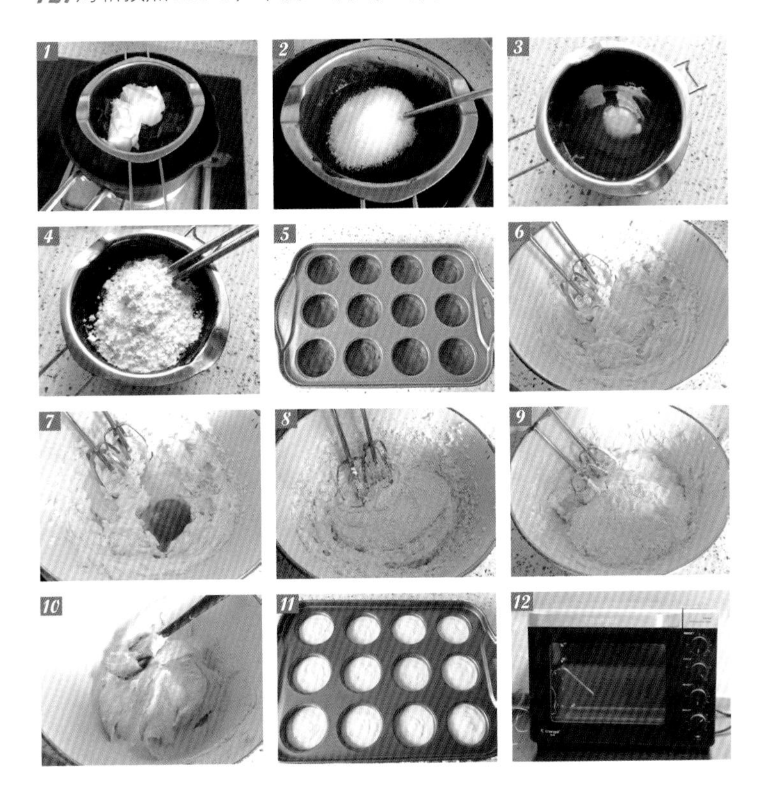

糖渍橙皮磅蛋糕

材料 Material

其他

糖渍橙皮 58 克（50 克做蛋糕体 +8 克做装饰）
橙皮果干 60 克
金朗姆酒 10 克

面糊

低筋粉 60 克
泡打粉 1 克
糖粉 30 克
全蛋 45 克
发酵黄油 54 克

装饰

柠檬汁 1 勺
糖粉 30 克

做法 Practice

1. 将橙皮果干放入金朗姆酒中浸泡，并放入冰箱冷藏 1 天。
2. 在 4 寸中空不粘模具内侧抹上黄油，撒上低筋粉，再放入冰箱冷藏备用。
3. 将黄油放入小碗内，隔着热水使其融化。
4. 将糖粉和蛋液加入黄油中拌匀。
5. 将粉类加入步骤 4 中拌成面糊。
6. 将 50 克糖渍橙皮和橙皮果干加入步骤 5 中拌合均匀。
7. 将步骤 6 的面糊倒入模具，并将面糊表面刮平。
8. 烤箱预热 150℃，中下层上下火，时间 8 分钟，再取出用刀在表面划一圈，让面糊内部能够均匀受热，再将模具放入烤箱内 160℃，时间 18 ~ 20 分钟。
9. 将柠檬汁和糖粉盛入容器中拌匀成浓稠的糊状，然后淋在放凉的蛋糕表面上，最后撒上 8 克糖渍橙皮作为装饰。

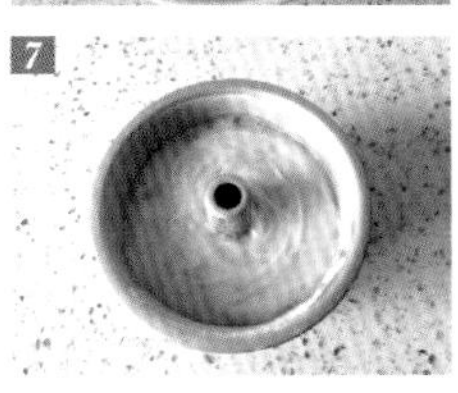

霍比特人的小屋

材料 Material

蛋糕胚子

低筋粉 120 克
鸡蛋 8 个
可可粉 40 克
细砂糖 150 克
黑巧克力 200 克
牛奶 200 克

装饰

黄油 400 克
水 20 克
淡奶油 500 克
翻糖膏适量
糖粉 120 克
干佩斯适量
白糖 20 克
色素适量

做法 Practice

1. 将黑巧克力加入牛奶中，并隔水加热至其融化。
2. 鸡蛋打散后加入细砂糖，并隔着 40℃热水打至呈浓稠状态、体积变大，此时提起打蛋器，蛋糊落下不会马上消失。
3. 将低筋粉和可可粉过筛两次备用。
4. 将步骤 3 的粉类材料分次筛入步骤 2 的蛋糊中拌匀。

5. 将步骤 1 中的巧克力牛奶溶液倒入步骤 4 中拌匀。

6. 将拌合好的面糊稍稍震出气泡，分别倒入 8 寸半球形模具、7 寸圆模和直径 17 厘米带烟囱的圆模中。

7. 烤箱预热上火 150℃，下火 140℃，时间 35 分钟。

8. 装饰材料中，将黄油室温软化后打发，再加入糖粉打发，接着分次加入淡奶油打匀做成奶油霜。

9. 将烤好的三个蛋糕胚子从上到下依次按半球形蛋糕、7 寸圆形蛋糕和 17 厘米圆形蛋糕进行摆放，再用刀将其整形成球状。用白糖加水调成糖水，将糖水刷在每一层蛋糕上和蛋糕周围，然后将奶油霜分层涂抹在蛋糕上，同时也将蛋糕外层均匀涂抹上奶油霜。

10. 取适量翻糖膏，加入棕色和黄色色素揉匀，擀开后包裹在整个球形蛋糕上，再将底部多余部分切除。

11. 取适量翻糖膏加入苹果绿色素揉匀，擀开成圆形包裹在蛋糕底座上，将多余部分切除。

12. 取适量翻糖膏和干佩斯，按 1:1 的比例，混合揉好后，分别加入酒红色、皇家绿、黄色和棕色色素继续揉匀。

13. 先用长方形模具切出一块酒红色翻糖膏做过门石；再用两个大小不同的圆形模具分别切出环形当门和窗户的边框；用圆形模具切出皇家绿做门，并用刻刀在门上划出纹路做旧感；用圆形模具切出黄色翻糖膏做窗户；最后将棕色翻糖膏搓成条作为窗户上的支撑。

14. 将步骤 13 中的小部件，分别用翻糖专用胶水粘到球形蛋糕上进行固定。

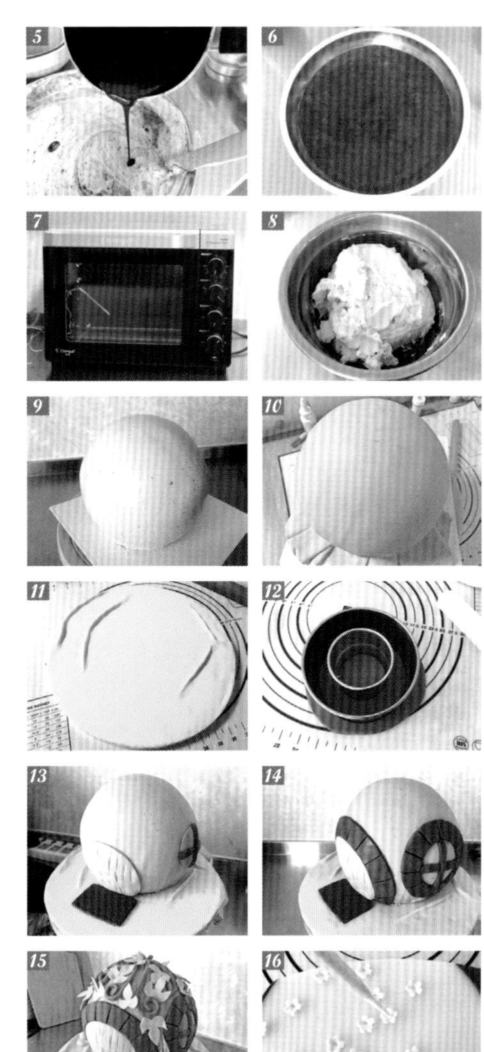

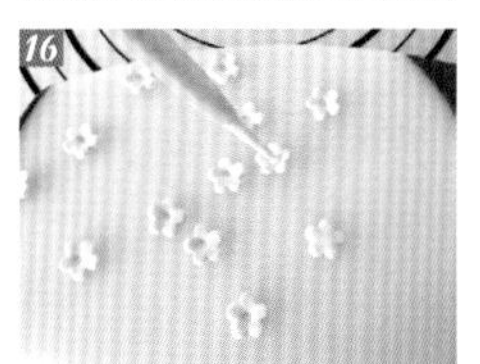

15. 将棕色翻糖膏分成若干份，分别搓成长条黏在蛋糕体上做植物藤蔓；用绿色翻糖膏切出叶子形状装饰在藤蔓上；用白色翻糖膏随意搓成一个个小球，分别按扁做成小石子摆放在门口周围。

16. 用花型饼干模具将白色翻糖膏切出小花形状，并用翻糖工具在中间戳一下。

17. 把小花黏在藤蔓上；用棕色翻糖膏搓一个小球做成门把手。

18. 最后用画笔蘸取少许颜料对整个房屋进行做旧上色就完成了。

黑森林蛋糕

材料 Material

低筋粉 100 克
可可粉 20 克
蛋黄 5 个 + 白糖 30 克
色拉油 45 克
牛奶 80 克
蛋白 5 个 + 白糖 70 克
白醋几滴
黑巧克力适量
淡奶油适量
白糖适量
综合水果罐头适量
草莓适量
蓝莓适量

做法 Practice

1. 蛋黄加入白糖拌匀。
2. 加入色拉油拌匀。
3. 加入牛奶拌匀。
4. 将低筋粉和可可粉过筛后加入上述液体中拌至无疙瘩。
5. 将拌好的蛋黄糊放入冰箱冷藏备用。
6. 蛋清中加几滴白醋打发至干性发泡在蛋白糊。
7. 取 1/3 的蛋白糊加入蛋黄糊中拌匀。
8. 将步骤 7 的面糊倒入剩余的蛋白糊中翻拌均匀。
9. 将拌匀的面糊倒入模具内，震几下去除内部的气泡。
10. 烤箱预热 150℃，下层上下火，时间 55 分钟，出炉后倒扣放凉脱模。
11. 黑巧克力用带齿状的刮刀刮成巧克力碎。
12. 将蛋糕分成两片。

13. 在淡奶油中加入白糖打发。
14. 在第一片蛋糕片上抹上奶油。
15. 再铺上综合水果。
16. 然后盖上另一片蛋糕片，接着抹上薄薄一层奶油。
17. 继续将蛋糕周身抹上奶油。
18. 将巧克力碎铺在蛋糕周围，表面摆上装饰。

可可海绵蛋糕

材料 Material

低筋粉 55 克
可可粉 10 克
全蛋 100 克
蛋白 40 克
白糖 100 克
淡奶油 30 克

烘焙心语

这款蛋糕的配方来自小山进的西点蛋糕书。与原作者的配方相比，糖的用量减少，做出来的蛋糕甜度更适合家人。由于采用了全蛋和蛋白分开打发的方法进行操作，所以成品组织膨松，口感如海绵。成品高度约 8～9 厘米。在烘烤过程中，看着面糊慢慢长高是一种享受。

做法 Practice

1. 将所有材料称量好，粉类过筛备用。
2. 将全蛋盛入容器，加入 60 克白糖，然后坐在 40℃的热水盆上，打发至蛋液呈浓稠状，此时提起打蛋器的头，蛋糊落下后的痕迹不会立即消失，或者画一个 8 字，痕迹在表面可以停留大约 10 秒钟的状态。
3. 将蛋白打至粗泡后，分次加入 25 克白糖，并打至干性发泡状态，做成蛋白霜。
4. 取 1/2 的蛋白霜加入步骤 2 的全蛋糊中拌匀。
5. 将过筛后的粉类加入步骤 4 中翻拌均匀。
6. 将步骤 5 中的面糊加入剩余的蛋白霜内拌匀。
7. 将淡奶油倒入小锅，煮至即将沸腾时关火移开。
8. 将步骤 7 的淡奶油沿着盆子侧壁倒入步骤 6 的面糊中拌匀。
9. 将步骤 8 的面糊倒入铺好油纸的模具中约 7 分满。
10. 烤箱预热 170℃，中层上下火，时间 30 分钟。

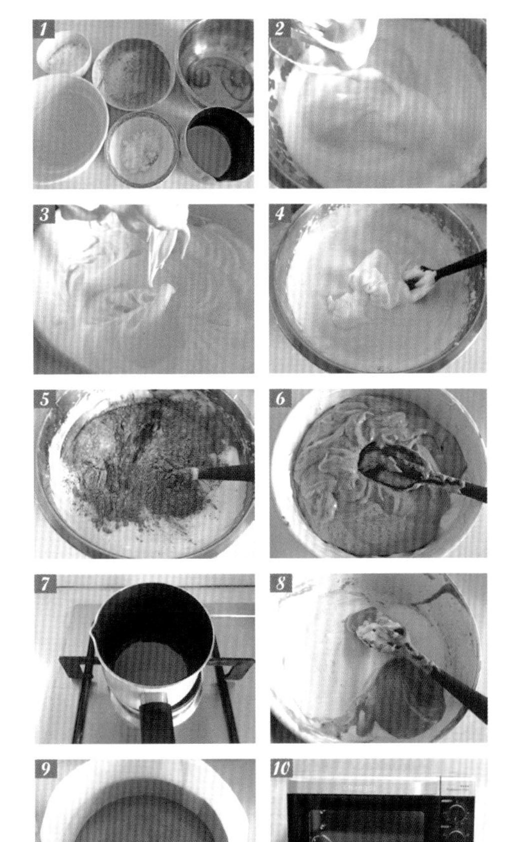

星巴克马芬蛋糕

材料 Material

低筋粉 55 克
可可粉 10 克
泡打粉 2.5 毫升
小苏打 1.25 毫升
糖粉 60 克
黄油 60 克
鸡蛋 40 克
柠檬汁 20 克
鲜牛奶 70 毫升
柠檬皮半个
盐 1/2 小勺
耐高温巧克力豆少许

烘焙心语

午后，一杯香浓的摩卡搭配这款可可柠香马芬蛋糕，能让紧张疲惫的你获得心理解压，有种放松之感。

做法 Practice

1. 将糖粉加入软化的黄油中拌匀。
2. 接着将黄油打发至呈膨松状态。
3. 再加入盐打匀。
4. 继续加入鸡蛋打匀。
5. 将粉类材料混合过筛。
6. 将过筛后的粉类加入步骤 4 中拌匀。
7. 再加入柠檬汁和牛奶打匀，然后加入柠檬皮屑拌匀。
8. 将步骤 7 中的面糊倒入纸杯约 8 分满。
9. 撒上耐高温巧克力豆做装饰。
10. 烤箱预热 180℃，中层上下火，时间约 18 分钟。

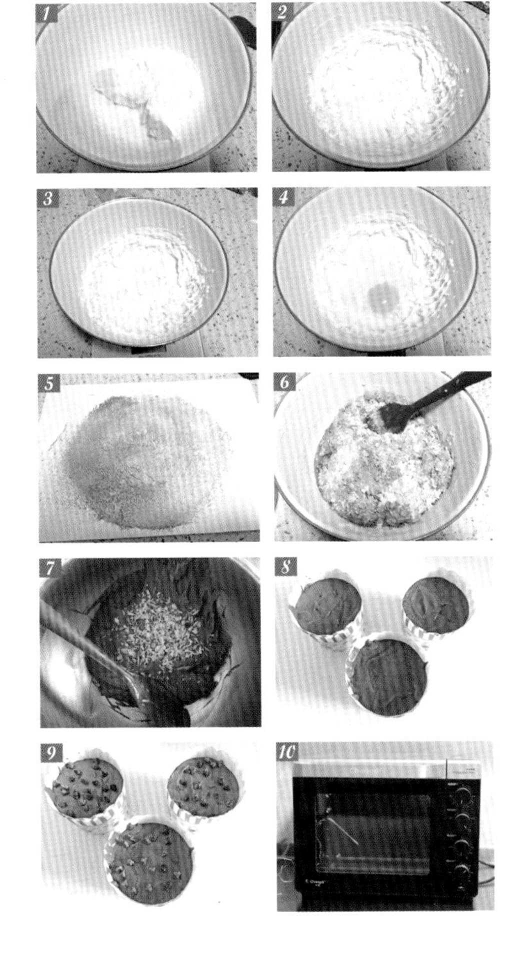

芒果慕斯

【百利脆饼】

材料 Material

百利脆片 22 克
黑巧克力 27 克
100% 榛子酱 55 克

做法 Practice

1. 黑巧克力放入容器中，隔着热水使其融化成液体。
2. 加入榛子酱拌匀成糊。
3. 倒入百利脆片拌匀。
4. 将步骤 3 的混合物倒在油布或者硬塑卡纸上，再盖上油布或者硬塑卡纸，用擀面杖推开约 5 毫米厚，然后放入冰箱冷藏约 1 小时。
5. 取出脆饼，用圆形切模切出形状后放入冰箱冷冻备用。

【芒果库利】

材料 Material

芒果果蓉 80 克
细砂糖 20 克
吉利丁 2.5 克

做法 Practice

1. 将吉利丁片用冷水浸泡备用。
2. 把果蓉和细砂糖倒入锅中，小火加热至砂糖融化，再中火加热至即将沸腾时离火。
3. 把吉利丁片沥水后放入步骤 2 中拌匀即可。
4. 把做好的库利倒入铺了保鲜膜的盒内，盖上保鲜膜，放入冰箱冷冻备用。

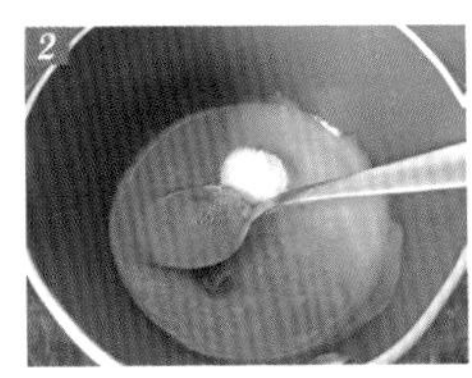
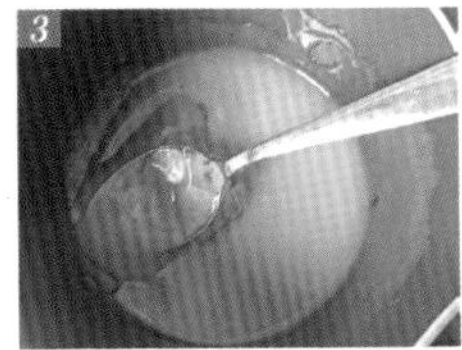

【酸奶慕斯】

材料 Material

原味酸奶 40 克
奶油奶酪 16 克
淡奶油 16 克
细砂糖 10 克
吉利丁片 1.6 克
柠檬汁 1.6 克

做法 Practice

1. 吉利丁片用冷水浸泡备用。
2. 把奶油奶酪和砂糖一起放入容器内，隔着热水使奶酪软化成顺滑的糊状。
3. 将淡奶油加热至 50℃时离火，再加入浸泡好的吉利丁片拌匀。
4. 将步骤 2 中的奶油奶酪，分次加入步骤 3 中拌匀。
5. 将酸奶加入步骤 4 中拌匀。
6. 最后加入柠檬汁拌匀，然后把混合物倒入铺有保鲜膜的盒内，盖上保鲜膜，冷冻备用。

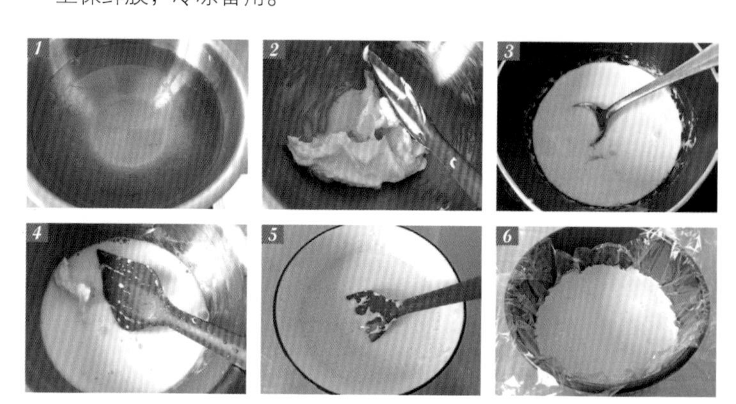

【芒果慕斯】

材料 Material

芒果果蓉 32 克
淡奶油 52.5 克
吉利丁片 2 克
柠檬汁 2 克
细砂糖 12 克

做法 Practice

1. 吉利丁片用冷水浸泡备用；将淡奶油打发至呈浓稠状态时，放入冰箱冷藏备用。
2. 将糖加入芒果果蓉中，一起倒入锅中，加热至沸腾离火。
3. 将浸泡好的吉利丁片加入步骤 2 中拌匀。
4. 待步骤 3 中混合物的温度降至 38℃，加入步骤 1 中的淡奶油混合均匀，再加入柠檬汁拌匀后继续降温备用。

【芒果淋面酱】

材料 Material

葡萄糖浆 30 克
细砂糖 25 克
冷水 12.5 克
炼乳 16 克
白巧克力 30 克
芒果果蓉 50 克
吉利丁片 2.5 克

做法 Practice

1. 将吉利丁片用冷水浸泡备用；将糖类加入水中，再一起倒进锅中加热至 103℃。
2. 将炼乳加入糖水中拌匀，再倒入装有白巧克力的碗里让巧克力融化。
3. 接着加入果蓉打匀，然后在容器上罩上保鲜膜隔夜使用。

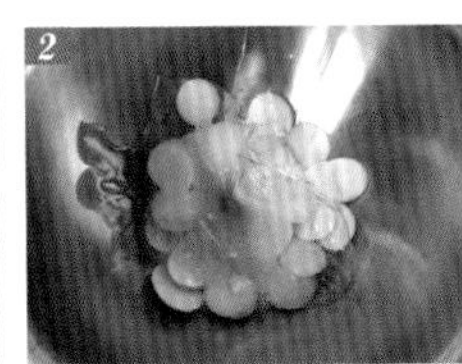
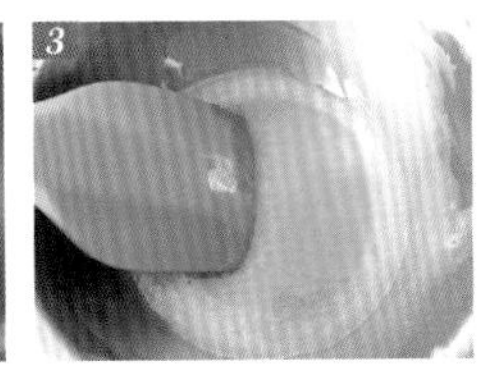

【组装】

做法 Practice

1. 将芒果慕斯液倒入模具，大约是模具容量的 1/3。
2. 接着放入冷冻好的酸奶慕斯片并压实。
3. 再继续加入芒果慕斯液。
4. 然后放入芒果库利片。
5. 继续将芒果慕斯注满模具。
6. 轻轻压上一层百利脆饼后，放入冰箱冷冻过夜，慕斯体就做好了。最后将淋面酱淋在慕斯体上，放上装饰即可。

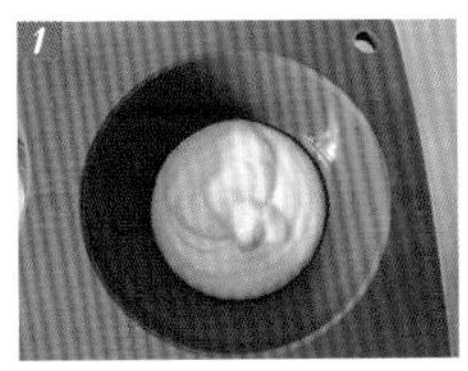

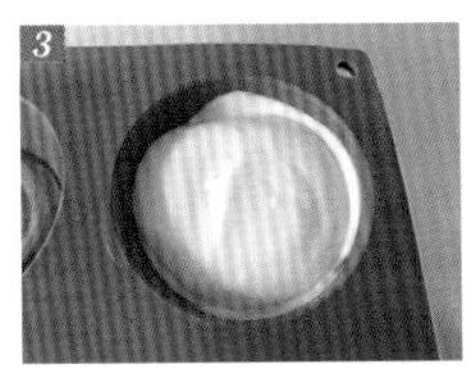

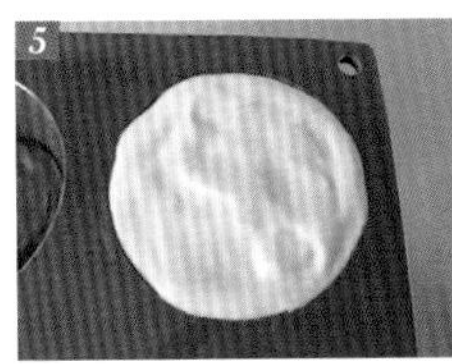

花盆蛋糕

【戚风蛋糕胚子】

材料 Material

低筋粉 72 克　玉米油 65 克　鸡蛋 5 个
玉米淀粉 13 克　梨汁 67 克　白糖 70 克

做法 Practice

1. 把鸡蛋的蛋白和蛋黄分离，分别盛入容器中，将蛋黄打散。
2. 将玉米油加入蛋黄中拌匀。

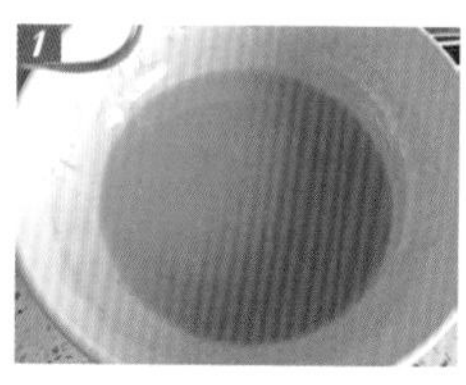

3. 再加入梨汁，然后打发至蛋黄溶液呈乳化状态。
4. 粉类过筛后，加入步骤 3 中拌至无颗粒状态。
5. 将蛋白打发至呈湿性发泡状态。
6. 步骤 5 中的蛋白，取 1/3 加入步骤 4 的蛋黄糊中翻拌均匀。
7. 将步骤 6 中的蛋黄糊倒入余下的蛋白中拌匀。
8. 将步骤 7 的面糊倒入 28 厘米 ×28 厘米的烤盘中震动几下。
9. 烤箱预热 170℃，中下层上下火，20 分钟，烤好的蛋糕片取出后倒扣放凉，撕下蛋糕片上的油纸。
10. 用两个大小不同的圆形饼干模具，在蛋糕胚子上刻出圆形蛋糕片备用。

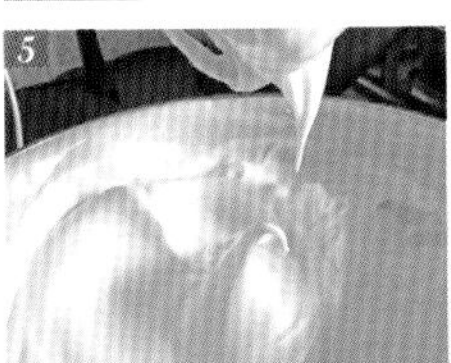

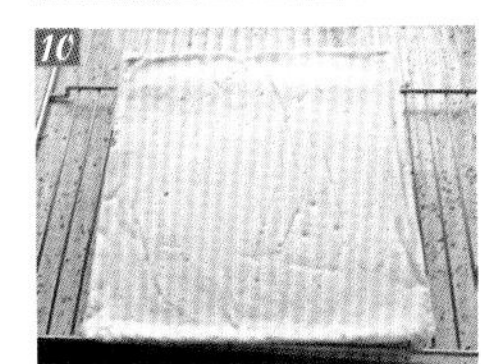

【梨汁慕斯蛋糕】

材料 Material

梨汁 60 克
淡奶油 100 克
吉利丁片 1 片
白糖 25 克

做法 Practice

1. 把吉利丁片放入冷水中浸泡。
2. 在梨汁中加入白糖煮沸，再加入吉利丁片拌匀。
3. 将淡奶油加糖后打至 6 分发，再与步骤 2 中的梨汁拌匀。
4. 将小的蛋糕片放入模具底部。

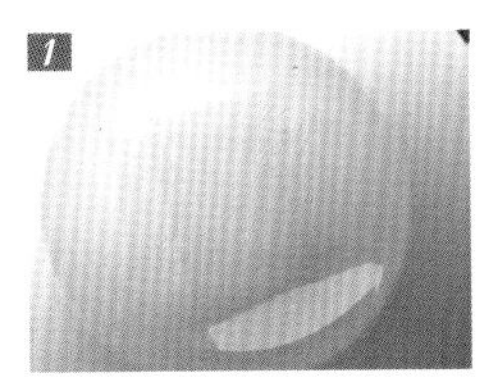
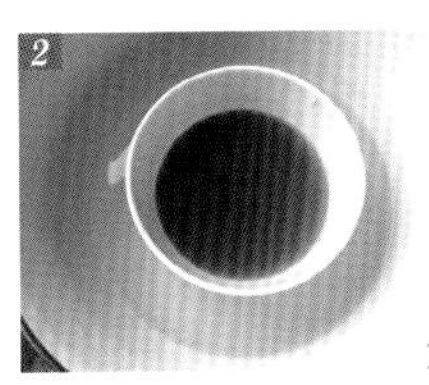
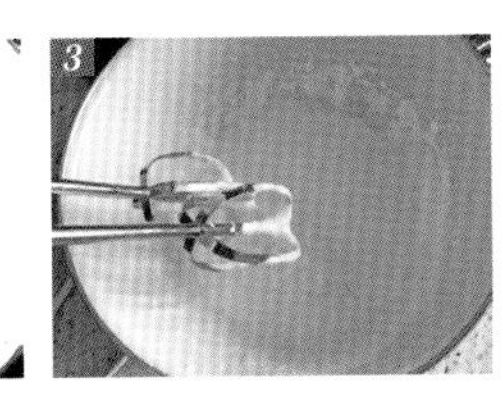
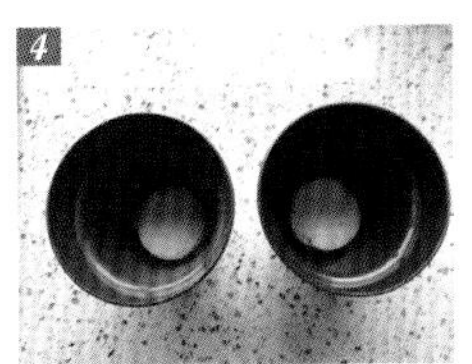

5. 用剪刀将吸管剪出合适的长度。
6. 将吸管插入模具底部的蛋糕片中间，并倒入慕斯液。
7. 再放入大的蛋糕片。
8. 继续倒入慕斯液至模具 9 分满，然后放入冰箱冷藏凝固。

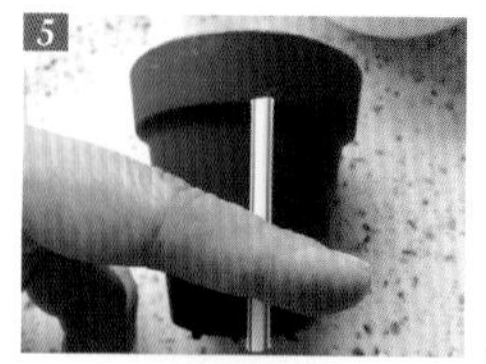
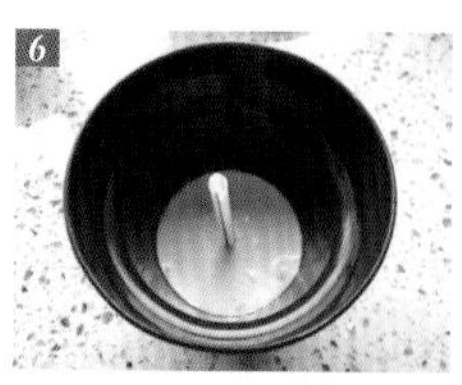

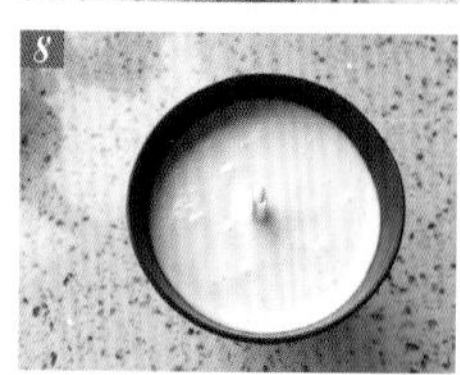

【谷优迷你巧克力夹心饼干】

材料 Material

巧克力夹心饼干 200 克

做法 Practice

1. 将饼干取出称量备用。
2. 将每块饼干掰开，去掉中间的夹心奶油。
3. 将饼干块放入保鲜袋中，用擀面杖碾碎成粉末状。

【组装花盆蛋糕】

做法 Practice

1. 将巧克力饼干碎洒在慕斯蛋糕上面当作泥土。
2. 将海棠花插在预先留好的吸管里面，花盆蛋糕就完成了。

红宝石蛋糕

【布蕾奶油酱】

材料 Material

牛奶 60 克　　蛋黄 23 克　　吉利丁片 2 克
淡奶油 60 克　　细白砂糖 12 克　　香草籽 1/3 根

做法 Practice

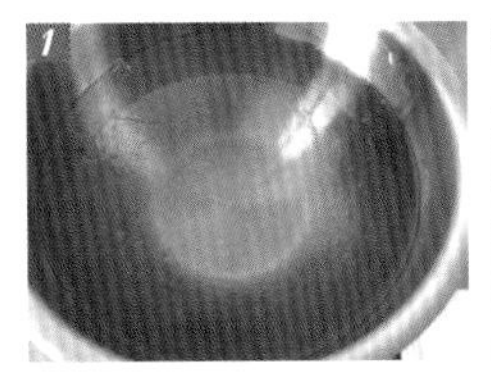

1. 吉利丁片用冷水浸泡备用。
2. 将牛奶、淡奶油、香草籽放入锅中，煮至沸腾离火。

3. 将蛋黄和糖拌匀。
4. 将步骤 2 的溶液兑入步骤 3 的蛋黄中，快速搅拌均匀。
5. 将步骤 4 的混合物倒回锅中，小火搅拌至锅中冒出大气泡时离火。
6. 迅速搅拌液体并防止其结块，待溶液降温至 60℃时，加入泡好的吉利丁片拌匀，即成布蕾奶油酱。
7. 将布蕾奶油酱过筛。
8. 将过筛后的布蕾奶油酱倒入模具中，约占模具容量的 2/3，然后放入冰箱冷冻。

3

4

5

6

7

8

【挞皮】

材料 Material

发酵黄油 150 克
糖粉 100 克
全蛋 1 个
杏仁粉 35 克
低筋粉 280 克
香草荚 1/2 根

做法 Practice

1. 将香草籽与糖混合备用；粉类混合过筛。
2. 将发酵黄油室温软化后，加入粉类拌匀。
3. 接着加入香草糖拌匀。
4. 再分次加入打散的蛋液拌匀成团。
5. 将步骤 4 的面团冷藏 30 分钟。
6. 取出冷藏好的面团，擀开约 2 毫米厚。
7. 将面皮放入挞模中，去掉多余部分。
8. 在挞皮上戳洞，然后放上重物压实。烤箱预热 180℃，中层上下火，时间 20 分钟。

1

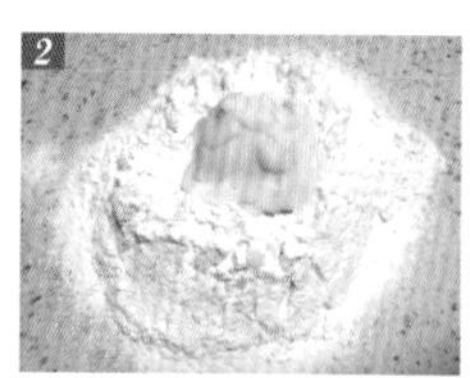
2

3

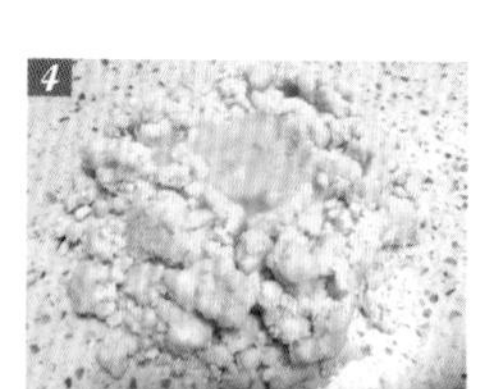
4

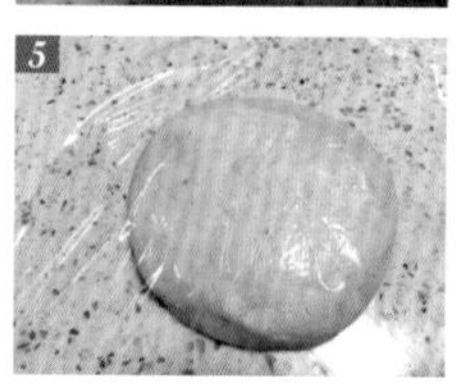
5

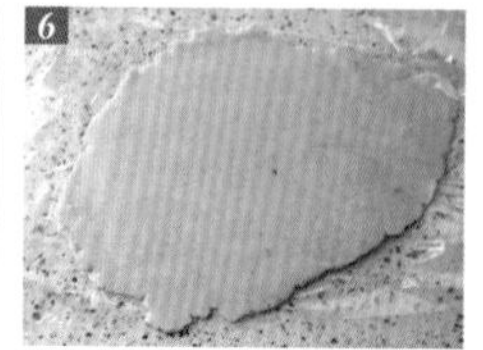
6

7

8

【树莓库利】

材料 Material

水果浆 105 克
水饴 18 克
细白砂糖 14 克
明胶片 3 克

做法 Practice

1. 将果浆、水饴、白糖一起倒入锅中加热。
2. 加入明胶片拌匀后放凉，水果库利就做好了。
3. 将水果库利倒入装有布蕾奶油酱的模具中，将模具装满，然后放入冰箱冷冻。
4. 将余下的水果库利倒入做好的挞皮中，约占挞皮容量的 1/2，也放入冰箱冷冻。

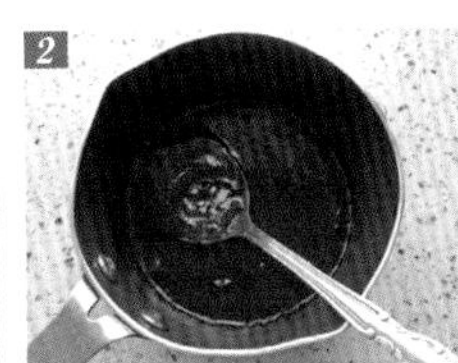
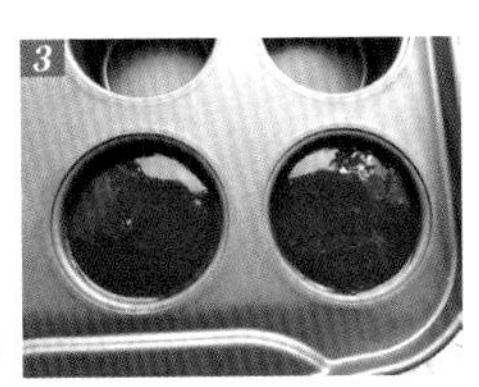
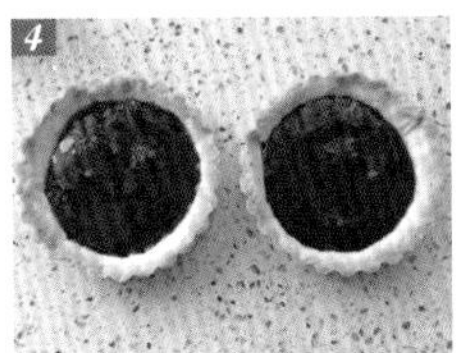

【手指饼干】

材料 Material

蛋黄 100 克
糖 33 克
蛋白 180 克
糖 133 克
低筋粉 138 克

做法 Practice

1. 材料称量好备用。
2. 将 133 克糖逐次加入蛋白中，并打发至蛋白呈干性发泡状态。
3. 将 33 克糖加入蛋黄中拌匀。
4. 将步骤 2 和步骤 3 混合并翻拌均匀。
5. 然后筛入低筋粉，拌至无明粉即可。
6. 将步骤 3 中的面糊装入裱花袋，在烤盘上挤出手指饼干的形状。
7. 烤箱预热 170℃，中层上下火，时间 20 分钟。
8. 烤好的手指饼干再用圆形模具刻出形状备用。

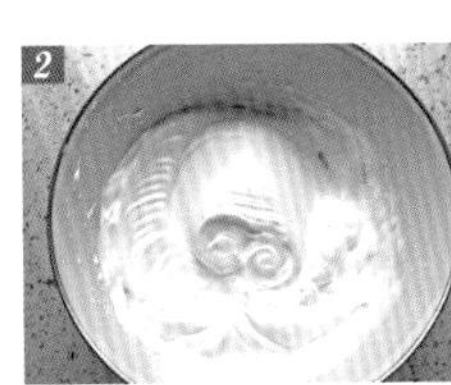

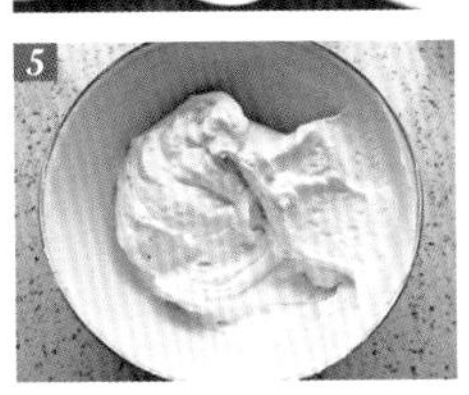

【树莓慕斯】

材料 Material

树莓果浆 223 克
蛋黄 4 个
细白砂糖 56 克
吉利丁片 4 片
樱桃白兰地 16 克
杏仁利口酒 7 克
淡奶油 233 克

做法 Practice

1. 将淡奶油打发至八分发后，冷藏备用。
2. 吉利丁片用冷水浸泡备用；蛋黄中加入糖拌匀。
3. 将树莓果浆煮至沸腾。
4. 将步骤 2 中的蛋黄加入步骤 3 的果浆中，一边搅拌一边小火煮至 83℃时离火。
5. 将经浸泡软化的吉利丁片加入步骤 4 中拌匀。
6. 把酒类加入步骤 5 中拌匀，然后过滤，并隔着冰水降温至 38℃。
7. 将步骤 1 的淡奶油加入步骤 6 中拌匀，做成慕斯液。
8. 将慕斯液倒入半圆球形模具中约 6 分满，再放入冷冻好的布蕾奶油酱和树莓库利。
9. 继续将慕斯液倒入模具中至满模，再盖上切好的手指饼干蛋糕胚压实，放入冰箱冷冻。
10. 将余下的慕斯液倒入装有水果库利的挞皮中装满，继续冷冻。

【树莓淋面酱】

材料 Material

树莓果浆 60 克
草莓 40 克
柠檬汁 2 克
细砂糖 15 克
淀粉 14 克
吉利丁片 8 克
镜面果胶 90 克

做法 Practice

1. 把柠檬汁加入树莓果浆中，将果浆煮至 80℃后离火。
2. 将糖和淀粉混合后，加入步骤 1 中拌匀，然后回火继续煮至 85℃时离火。
3. 将浸泡软化的吉利丁片加入步骤 2 中拌匀，再加入镜面果胶拌匀，待降温至 35℃时使用。

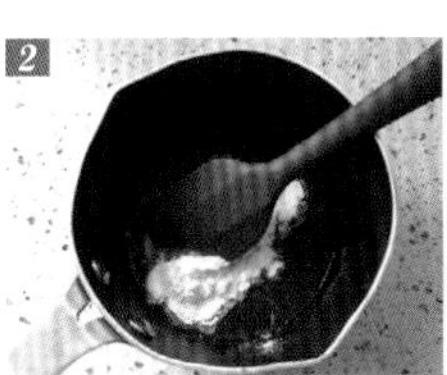
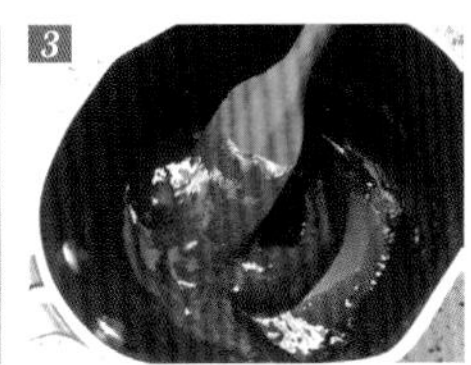

【组合蛋糕】

做法 Practice

从硅胶模具中取出冷冻好的慕斯，淋上淋面酱后，移至挞皮的正中间，装饰上水果和金箔即可。

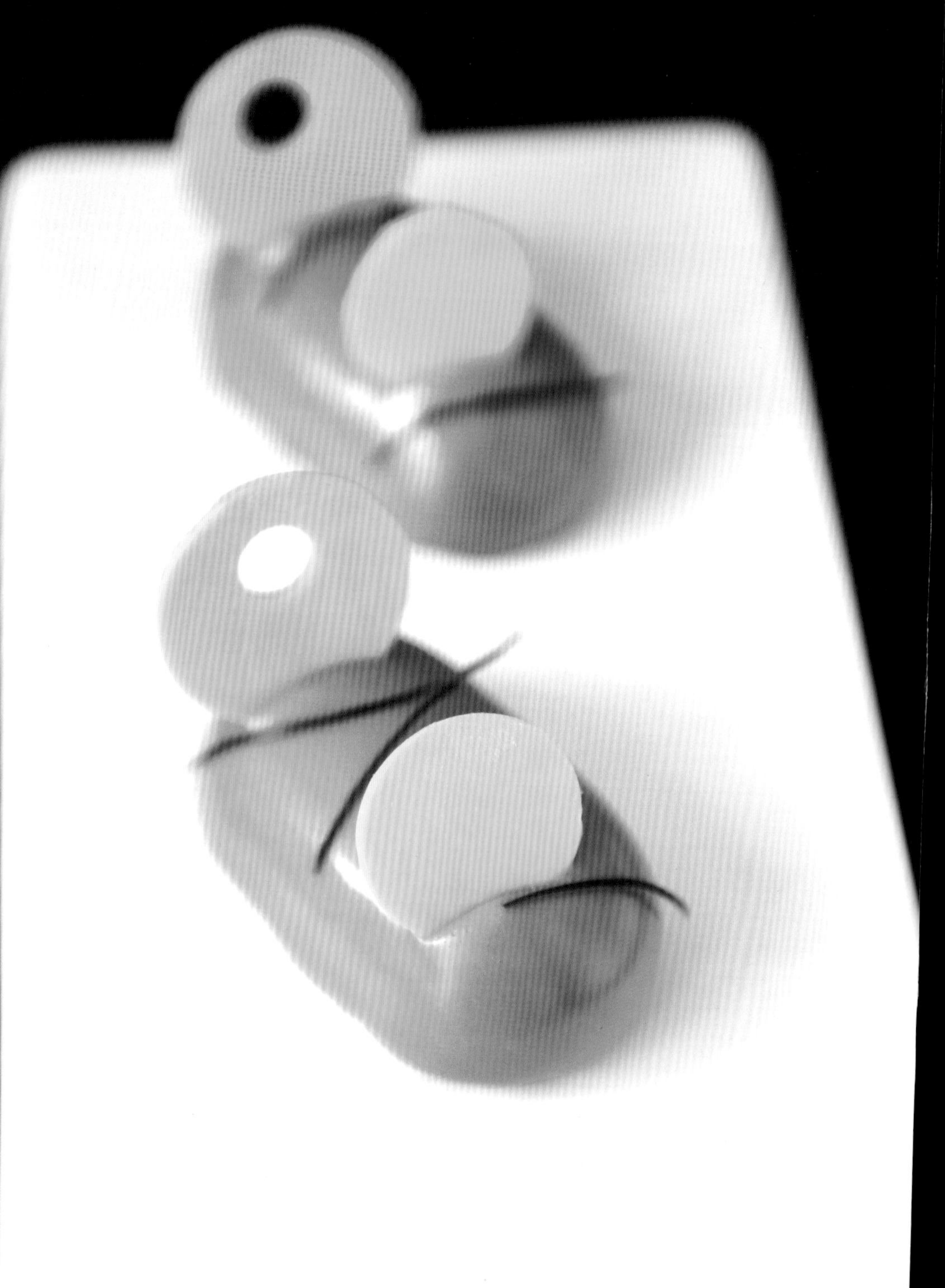

焦糖慕斯

【焦糖酱】

材料 Material

葡萄糖浆 32 克
细砂糖 41 克
黄油 7 克
淡奶油 75 克
海盐 0.5 克
水适量

做法 Practice

1. 把葡萄糖浆、细砂糖和水（水量刚好没过糖）倒入锅中，小火加热让糖融化。
2. 将淡奶油盛入容器中，隔水加热备用。
3. 将步骤 1 中的糖水溶液，用大火熬制呈焦红色时立即离火，在这期间不要搅拌。
4. 在步骤 3 的糖浆中，先加入少量淡奶油，不要搅拌。
5. 将余下的淡奶油慢慢倒入糖浆中拌匀，然后回火，继续加热熬煮至成无糖块的焦糖液体。
6. 待步骤 5 中的焦糖液体降温至 38℃后，加入黄油拌匀，即成焦糖酱。
7. 将焦糖酱倒入装有海盐的容器中拌匀，待降温后，罩上保鲜膜放入冰箱冷藏保存。

【草莓果酱】

材料 Material

草莓果蓉 50 克
细砂糖 12.5 克
吉利丁片 1.5 克

做法 Practice

1. 取 1/2 的草莓果蓉倒入锅中，加入焦糖酱加热至融化。
2. 待步骤 1 中的草莓糖酱降温至 60℃后，放入浸泡软化的吉利丁片拌匀。
3. 将剩余的草莓果蓉倒入步骤 2 中拌匀，
4. 待步骤 3 中的液体冷却后，倒入铺有保鲜膜的模具中冷冻备用。

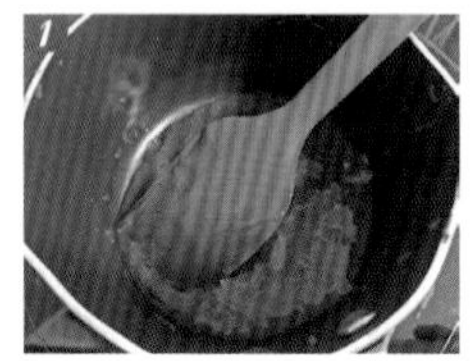

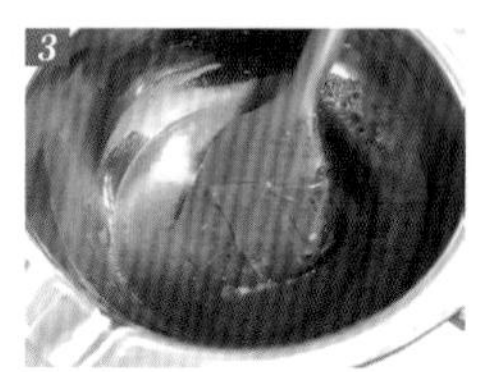

【焦糖慕斯】

材料 Material

焦糖酱 85 克
淡奶油 100 克
蛋黄 20 克
吉利丁片 3.5 克
砂糖 54 克
水 45 克

做法 Practice

1. 将砂糖和水倒入锅中，煮开后离火，降至室温备用。
2. 将淡奶油打发至呈酸奶状态（约 5 分发），然后冷藏备用；吉利丁片用水浸泡备用。
3. 取 1/2 的焦糖酱倒入锅中加热至 60℃。
4. 将吉利丁片加入步骤 3 中拌匀。
5. 将步骤 4 中的溶液倒入余下的焦糖酱中拌匀。
6. 步骤 1 中的糖浆，取 17 克倒入锅中加热至沸腾，再细水长流地倒入打散的蛋黄中，一边倒一边用电动打蛋器快速打匀，直到蛋黄糖浆呈黏稠状态，颜色变浅即可。
7. 将步骤 6 中的蛋黄糖浆加入步骤 5 中拌匀。
8. 将步骤 2 中的淡奶油倒入步骤 7 中拌匀，降温备用。

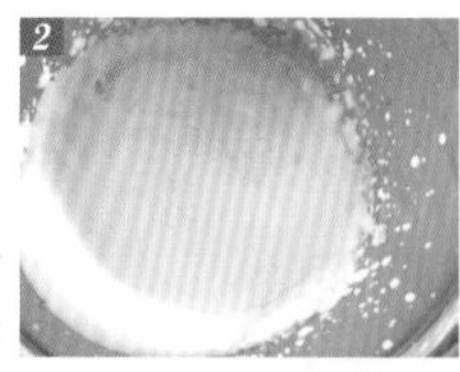

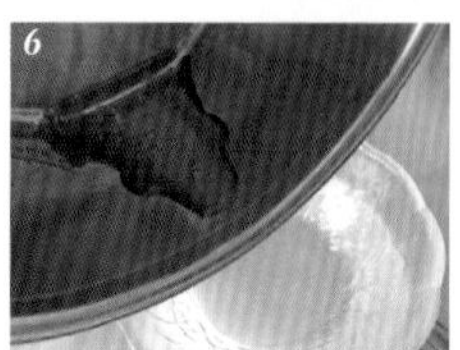

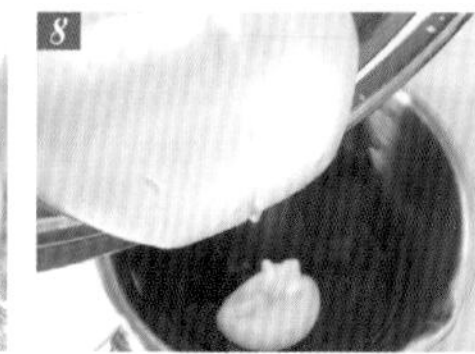

【焦糖淋面酱】

材料 Material

砂糖 107 克
淡奶油 87 克
玉米淀粉 3 克
水 6.2 克
白巧克力 15 克
吉利丁片 5 克

做法 Practice

1. 将吉利丁片浸泡备用；砂糖倒入锅中，加入适量水刚好没过砂糖，小火加热，待糖融化后再大火熬制成琥珀色时离火。
2. 将淡奶油隔水加热后，分次倒入步骤 1 中拌匀，再回火，小火熬煮至呈黏稠状态时离火。
3. 将玉米淀粉加入余下的水中拌匀。
4. 将步骤 3 中的玉米淀粉糊倒入步骤 2 中拌匀。
5. 待步骤 4 中的混合物降温至 60℃时，加入吉利丁片拌匀。
6. 将步骤 5 中的混合物倒入盛有白巧克力的容器中打匀，然后贴上保鲜膜静置一夜备用。

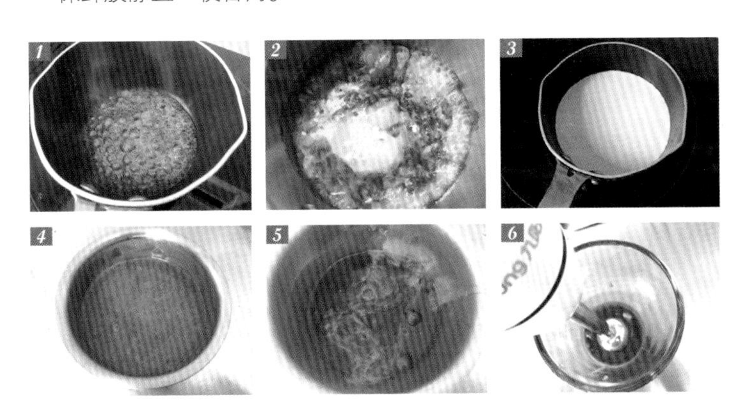

【组装蛋糕】

做法 Practice

1. 将慕斯液倒入裱花袋中，再挤入模具，约占模具容量的 1/2。
2. 再放入切好形状的草莓库利。
3. 接着挤入余下的慕斯，直至满模，并放入冰箱冷冻。
4. 将冷冻好的慕斯体脱模，放在网架上，在表面淋上淋面酱，再插上巧克力装饰片即可。

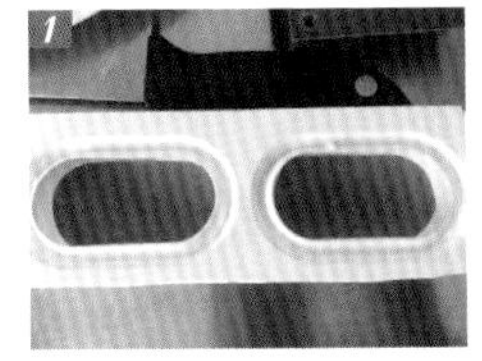

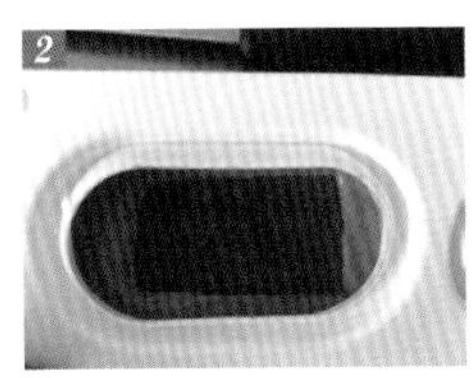

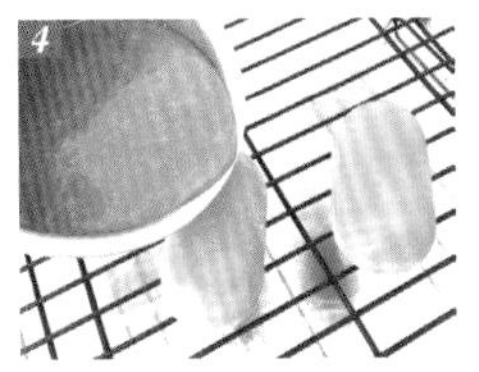

梦幻黑巧慕斯

【百利脆片饼底】

材料 Material

百利脆片 22 克
黑巧克力 27 克
100% 榛子酱 55 克

做法 Practice

1. 黑巧克力放入容器内，隔水加热使之融化成液体。
2. 加入榛子酱拌匀成糊。
3. 倒入百利脆片拌匀。
4. 将巧克力榛子糊倒在油布或者硬塑卡纸上，再盖上油布或者硬塑卡纸，用擀面杖推开约 5 毫米厚，然后放入冰箱冷藏备用。

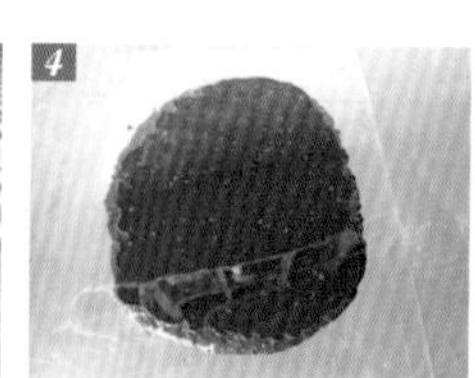

【百香果库利】

材料 Material

百香果果蓉 80 克
细砂糖 20 克
吉利丁 2.5 克

做法 Practice

1. 吉利丁片用冷水浸泡备用。
2. 将果蓉和细砂糖倒入锅中，小火加热至砂糖融化，再用中火加热至即将沸腾时离火。
3. 将吉利丁片沥水后放入锅中拌匀后即成库利。
4. 将做好的库利倒入铺了保鲜膜的盒中，盖上保鲜膜，放入冰箱冷冻备用。

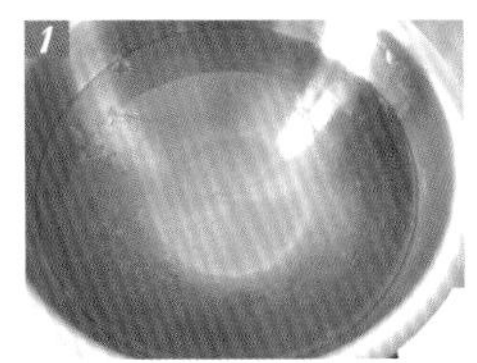
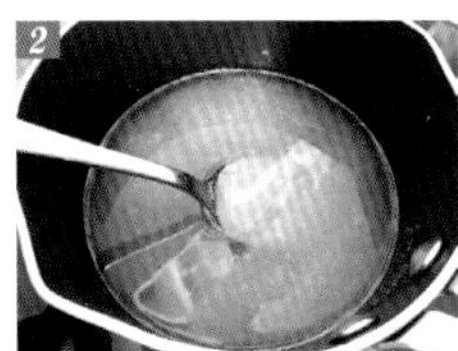
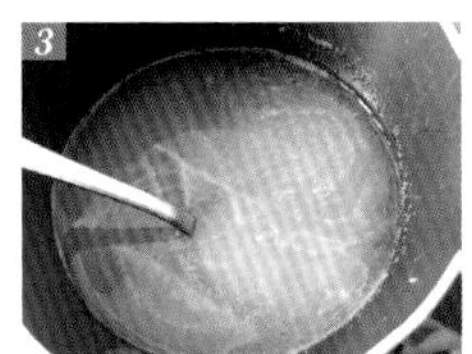

【酸奶慕斯】

材料 Material

原味酸奶 40 克
奶油奶酪 16 克
淡奶油 16 克
细砂糖 10 克
吉利丁片 1.6 克
柠檬汁 1.6 克

做法 Practice

1. 吉利丁片用冷水浸泡备用。
2. 将奶油奶酪盛入容器中，加入砂糖，隔热水加热使之软化成顺滑的糊状。
3. 淡奶油倒入小锅，加热至 50℃时离火，再加入吉利丁片拌匀。
4. 将步骤 2 中的奶油奶酪，分次加入步骤 3 中拌匀。
5. 再加入酸奶拌匀。
6. 最后加入柠檬汁拌匀，然后倒入铺有保鲜膜的盒中，盖上保鲜膜冷冻备用。

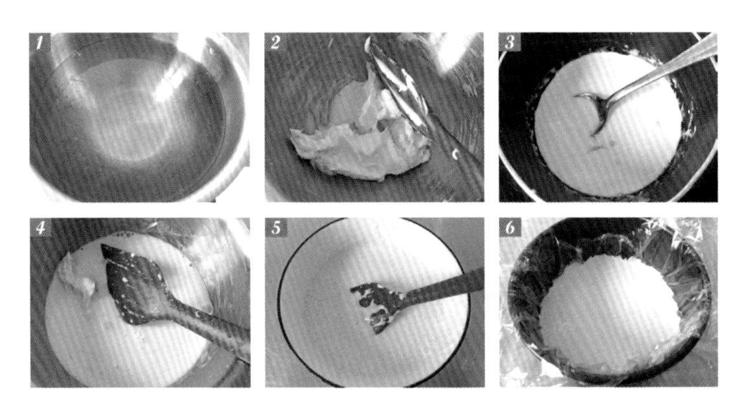

【巧克力慕斯】

材料 Material

淡奶油 53 克
焦糖酱 8 克
黑巧克力 72 克
淡奶油 105 克
吉利丁片 2 克

做法 Practice

1. 用心形慕斯圈在百利脆片饼上刻出形状，放在烤盘上，再放入冰箱冷冻备用。
2. 吉利丁片用冷水浸泡备用；将 105 克淡奶油打发至呈酸奶状态后放入冰箱冷藏备用。
3. 将 53 克淡奶油和焦糖酱混合倒入小锅中，中火加热至 83℃，再加入吉利丁片拌匀。
4. 将步骤 3 中的混合物兑入切碎的黑巧克力中，使之成为顺滑的酱。
5. 待步骤 4 中的混合物降温至 38℃后，与步骤 2 中打发的淡奶油混合均匀，即成慕斯液。
6. 将慕斯液倒入底部包裹了保鲜膜的心形模具中，约占模具容量的 1/4。
7. 再摆好切成心形的百香果库利并轻轻压实。
8. 继续倒入慕斯液至模具 1/2 的位置，接着摆入切成心形的酸奶慕斯并轻轻压实。
9. 再次倒入慕斯液至模具 9 分满。
10. 取出冷冻好的百利脆片饼放在最上面并轻轻压实，再放入冰箱冷冻 4 ~ 8 小时即可。

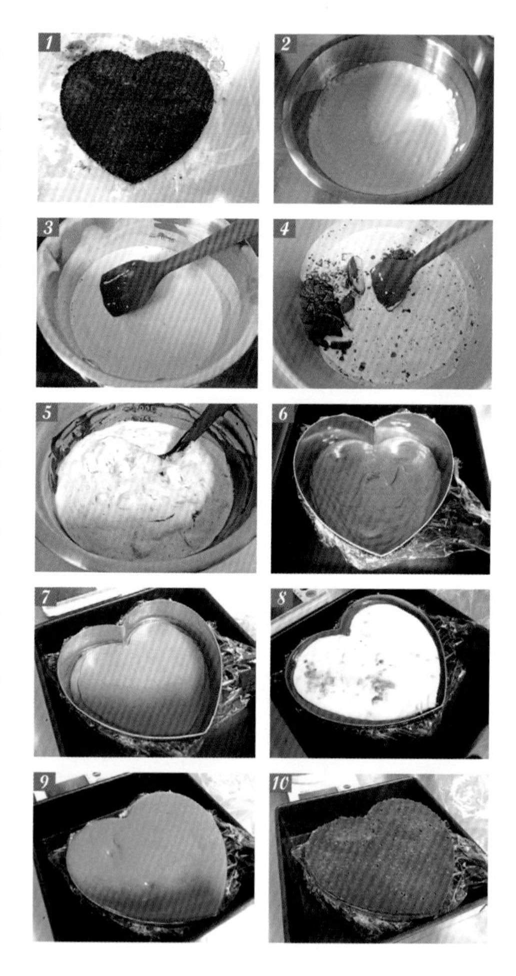

【巧克力镜面】

材料 Material

淡奶油 80 克
细砂糖 120 克
冷水 100 克
可可粉 40 克
吉利丁片 5 克

做法 Practice

1. 吉利丁片用冷水浸泡备用；将淡奶油、糖和水倒进锅中，先小火加热使糖融化，再中火煮至沸腾时离火。
2. 将可可粉过筛加入锅中，拌至无颗粒状态时开火，并用中小火煮至微微浓稠时关火。
3. 将浸泡好的吉利丁片放入步骤 2 中拌匀。
4. 将保鲜膜紧贴液体表面，静置备用。

1

2

3

4

【组装蛋糕】

做法 Practice

1. 将镜面淋在巧克力慕斯表面。
2. 按照自己的喜好在表面稍作装饰点缀即可。

1

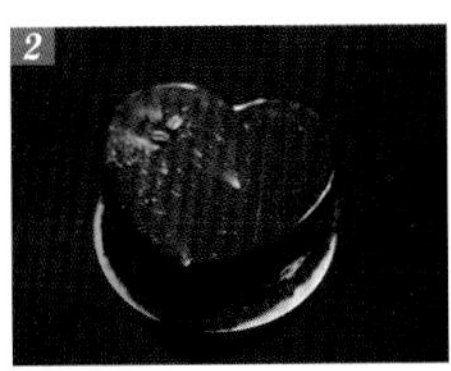
2

雪茄慕斯

【百香果果冻】

材料 Material

百香果果蓉 22 克　　细砂糖 4 克
葡萄糖浆 4 克　　吉利丁片 1 克

做法 Practice

1. 将百香果果蓉、葡萄糖浆和砂糖倒入小锅中，先小火煮至砂糖融化，再大火煮至即将沸腾时关火，然后加入沥水后的吉利丁片拌匀。
2. 将小锅坐在冰水盆上迅速降温，再将锅中的混合物倒入铺好保鲜膜的模具中，并盖上保鲜膜冷冻 2 小时。
3. 将冷冻好的水果库利取出，去掉保鲜膜。
4. 将水果库利切成约 2 毫米见方的小丁，放入冰箱继续冷冻备用。

【黑芝麻糖片】

材料 Material

黑芝麻 10 克
黑巧克力 30 克
白砂糖 100 克
水 30 克

做法 Practice

1. 糖和水加入锅中。
2. 煮至 155℃时离锅。
3. 加入黑芝麻和黑巧克力拌匀。
4. 倒在油纸上用抹刀抹平放凉即可。

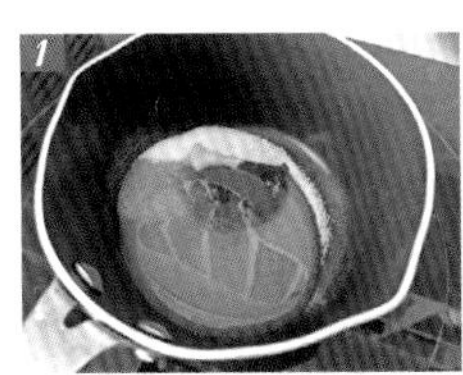

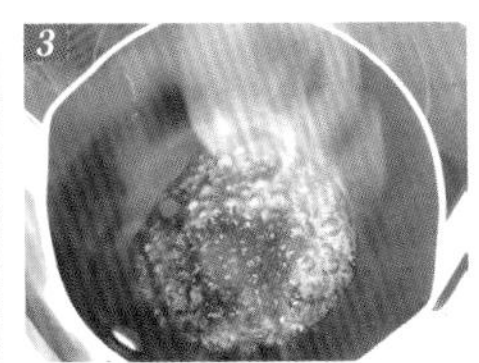

【黑巧克力球壳】

材料 Material

黑巧克力适量

做法 Practice

1. 将黑巧克力隔水加热，使之融化，再倒入模具中。
2. 将模具倒扣，待巧克力液不怎么往下流时，用铲刀将模具周围多余的巧克力液刮掉。
3. 将模具正过来，放在桌子上，让巧克力自然凝固，并待其凝固后倒扣脱模。
4. 将其中一个巧克力半球放在热烤盘上让其边缘融化。
5. 将另一个巧克力半球与融化的巧克力半球迅速对接，使之成为巧克力圆球。
6. 在球壳底部沾少许融化的巧克力。
7. 将巧克力球固定在黑芝麻巧克力片上。
8. 将圆形裱花嘴预热后，对着球壳正上方烫出一个小孔。

【焦糖慕斯】

做法 Practice

材料与做法详见“焦糖慕斯”。

【雪茄慕斯】

做法 Practice

1. 用一张塑料片剪出长方形，然后卷起，将收口处粘紧。
2. 取一个小杯子，在杯口蒙上保鲜膜，在保鲜膜上戳一个洞，然后将步骤 1 中的塑料卷竖直戳进洞里放稳。
3. 慢慢倒入焦糖慕斯，直至倒满，再放入冰箱冷冻。

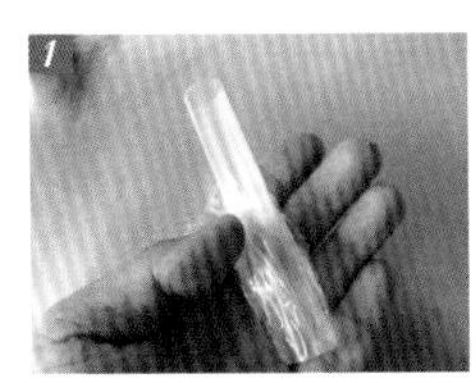

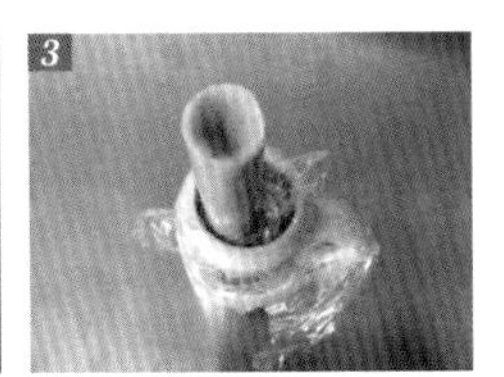

【组装蛋糕】

做法 Practice

1. 将焦糖慕斯装入裱花袋，挤入巧克力球中，约占巧克力球容量的 1/3。
2. 将百香果库利丁放入巧克力球中平铺。
3. 继续挤入焦糖慕斯至巧克力球约 9 分满。
4. 用巧克力装饰片蘸取少许巧克力液，将巧克力球的顶部圆洞口封住，再将冷冻好的雪茄慕斯脱模并摆在装饰片上，点缀上少许金箔即可。

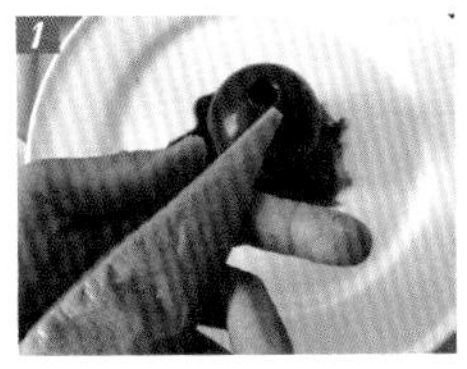
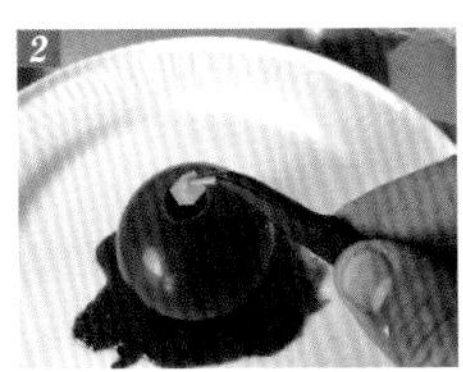

烘焙心语

黑芝麻糖片也可以用黑芝麻巧克力片代替，将黑巧克力隔水融化后加入黑芝麻拌匀倒在油纸上冷却凝固即可。

蜡笔小新生日蛋糕

材料 Material

蛋糕胚子

低筋粉 33 克
抹茶粉 3 克
蛋黄 2 个 + 白糖 12 克
玉米油 20 克
水 20 克
蛋白 2 个 +33 克

装饰

巧克力酱适量
淡奶油 500 毫升
白糖 35 克
色素适量

做法 Practice

1. 将 2 个蛋黄和 12 克白糖拌匀。
2. 再加入玉米油拌匀。
3. 再加入水拌匀。
4. 再加入过筛的低筋粉和抹茶粉拌匀，做成蛋黄糊。
5. 把蛋黄糊放入冰箱冷藏备用。
6. 将 2 个蛋白和 33 克白糖混合打发至干性发泡，成蛋白糊。
7. 取 1/3 的蛋白糊加入蛋黄糊中拌匀。
8. 将步骤 7 中的蛋黄糊倒入剩余的蛋白糊中拌匀。
9. 将步骤 8 中的面糊倒入模具中。
10. 烤箱预热，上层 135℃，下层 150℃，时间 30 分钟后，再调整为上下火 150℃，继续烘烤 20 分钟。
11. 在油纸上用巧克力酱画出小新的轮廓线。
12. 将淡奶油加糖打发后，加入色素拌匀，然后填充画面。
13. 将白色奶油均匀涂抹在最上层，然后放入冰箱冷冻。
14. 在蛋糕胚子上抹上淡奶油，再放上转印画作为装饰即可。

101 斑点狗生日蛋糕

【蛋糕体】

材料 Material

低筋粉 70 克　　玉米油 40 克
可可粉 10 克　　蛋黄 4 个 + 白砂糖 15 克
牛奶 40 克　　蛋白 4 个 + 白砂糖 45 克

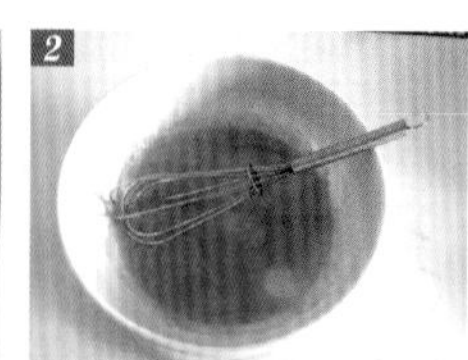
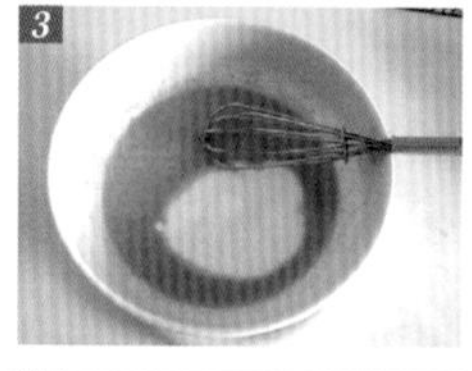

做法 Practice

1. 将 4 个蛋黄和 15 克白糖拌匀。
2. 再加入玉米油拌匀。
3. 接着加入牛奶拌匀。
4. 继续加入过筛的粉类拌至无面疙瘩状态，即成蛋黄糊。
5. 将蛋黄糊放入冰箱冷藏备用。
6. 将蛋白打至粗泡，再逐次加入 45 克白糖打发至干性发泡，即成蛋白糊。

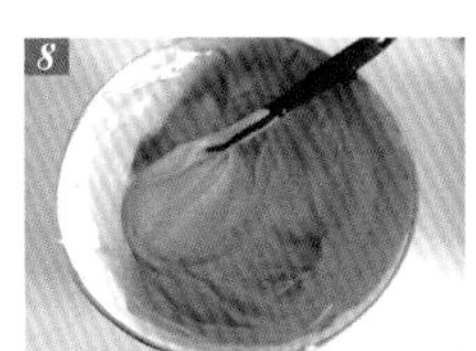

7. 取 1/3 的蛋白糊加入蛋黄糊中拌匀。
8. 将步骤 7 的蛋黄糊全部倒入余下的蛋白糊中翻拌均匀。
9. 将步骤 8 的面糊倒入模具中。
10. 烤箱预热 160℃，中下层上下火，时间 55 分钟，然后将烤好的蛋糕放凉并脱模备用。

【奶油转印】

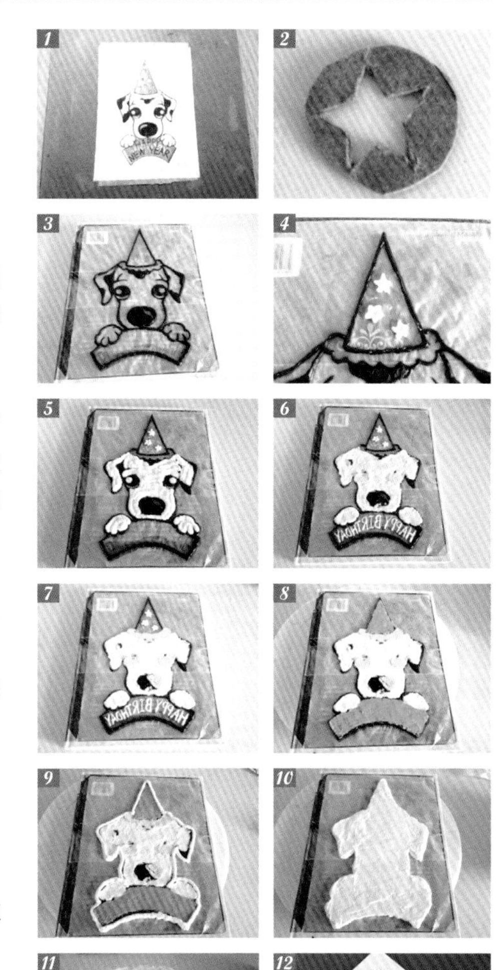

材料 Material

淡奶油 600 毫升　　色素适量
白糖 42 克　　黑巧克力酱适量

做法 Practice

1. 先打印出 101 斑点狗的图片，然后在图片上铺一张油纸，描画出斑点狗的轮廓线。
2. 在纸板上剪出五角星的形状。
3. 将油纸翻面，将有铅笔线的朝下，没有铅笔线的朝上，把黑巧克力酱装入裱花袋，沿着油纸上的铅笔线条描出斑点狗的轮廓。
4. 淡奶油加糖打发后，取少许装入裱花袋，再将步骤 2 中的纸板放入小狗的帽子里，用淡奶油涂抹在纸板内，再拿掉纸板。
5. 用白色奶油填充小狗脸部，用黑巧克力酱填充小狗的眼镜和鼻头。
6. 写出“HAPPY BIRTHDAY”的字样。
7. 再填充帽子的边缘。
8. 用红色奶油填充帽子。
9. 用白色奶油在最外边缘挤出一圈。
10. 用白色奶油将整个画面涂抹一层后放入冰箱冷冻。
11. 用蓝色奶油将蛋糕体抹平。
12. 将冻硬的奶油转印画去掉油纸后，翻过来铺在蛋糕上，然后进行边缘装饰。

HAPPY
BIRTHDAY

高尔夫球手生日蛋糕

材料 Material

蛋糕体

蛋黄 3 个 +15 克白糖
蛋清 3 个 +45 克白糖
低筋粉 60 克
玉米油 40 毫升
豆渣 80 克
柠檬汁几滴

装饰

淡奶油 500 毫升
白糖适量
色素少许
黑巧克力适量

做法 Practice

1. 蛋糕做法详见戚风蛋糕，蛋糕烤好放凉后备用。
2. 将蛋糕体一分为二。
3. 在两块蛋糕中间，夹入水果和奶油，然后在蛋糕四周抹上奶油，在蛋糕上层的上方，用蓝色淡奶油做出天空的颜色。
4. 用牙签在蛋糕上画出高尔夫球手的轮廓线。
5. 用融化的黑巧克力沿着画好的轮廓线描出形状。
6. 画出衣服里面的纹路。
7. 在旁边写上“HAPPY BIRTHDAY”，然后用绿色奶油在底托上挤出一圈圆形花纹，再用白色奶油在表面挤出一圈细细波浪形花纹作为装饰。
8. 用彩色奶油填充衣帽、裤子、球棒，最后画出草地和云朵。

爆竹蛋糕噼啪响

材料 Material

鸡蛋 3 个
低筋粉 60 克
玉米油 40 克
鲜奶 40 克
糖 50 克
色素适量
跳跳糖 1 包
黑巧克力适量

做法 Practice

1. 用锡纸折叠出三个大小相同的模具，用来装面糊。
2. 将玉米油和鲜奶混合搅拌至乳化状态。
3. 再加入蛋黄和香草精拌匀。
4. 接着加入过筛的低筋粉拌至无颗粒状态，即成蛋黄糊。
5. 将蛋白打发至呈干性发泡状态，即成蛋白糊。
6. 取 1/3 的蛋白糊加入蛋黄糊中拌匀。
7. 将步骤 6 中的蛋黄糊倒入剩余的蛋白糊中拌匀。
8. 将步骤 7 中的面糊平均分成三分。
9. 在其中两份面糊中分别加入蓝色和红色色素拌匀，最后将这三份面糊分别倒入三个锡纸模中。烤箱预热 180℃，中层上下火，时间 15 分钟左右，烤好后放凉备用。
10. 用圆形饼干模具分别将红色、蓝色和原色蛋糕片切出三个圆形。
11. 用稍小的裱花嘴在圆形蛋糕片中间再切出小口径的圆形蛋糕片备用。
12. 将蛋糕片按照顺序依次用奶油粘合起来。
13. 将跳跳糖倒入中间的空洞中。
14. 将黑色巧克力条插入最小的蓝色蛋糕片中，然后将蛋糕中间的孔洞盖住当做鞭炮引子。

烘焙心语

当蛋糕遇到跳跳糖时会发生什么化学反应？这是一个有趣的问题。周末在家给孩子做了这款爆竹蛋糕，让孩子惊喜的不仅是蛋糕外表酷似鞭炮，更为有趣的是当他一口吃到蛋糕时，除了甜甜的蛋糕香味，嘴里居然还有噼啪声响，原来是蛋糕里藏着的小秘密——跳跳糖。如果你也喜欢，也试着给孩子做这款简单的爆竹蛋糕吧。

我在制作这款蛋糕时，有一个小小的失误。做第一个蛋糕时，发现底部红色蛋糕不能够将中间掏空，否则吃蛋糕时，跳跳糖就会从底部露掉。所以，大家在制作这款蛋糕时，底部的那块蛋糕片不能被掏空，而要维持原状，只需要将第二层和最上层的蛋糕的中间掏空即可。

Happy Birthday

妈妈生日快乐

材料 Material

蛋糕体

鸡蛋 4 个（60 ~ 65 克 1 个）
低筋粉 80 克
牛奶 40 克
玉米油 40 克
细砂糖 60 克
柠檬汁几滴

装饰

淡奶油 600 毫升
细砂糖适量
黑巧克力酱适量
黑巧克力适量
色素适量

做法 Practice

1. 在蛋黄中加入细砂糖拌至无颗粒状态。
2. 再加入玉米油和柠檬汁，并用电动打蛋器打至乳化状态。
3. 加入过筛的低筋粉拌至无颗粒状态，即成蛋黄糊。
4. 在蛋白中分三次加入白糖，并打发至干性发泡状态，即成蛋白糊。
5. 取 1/3 的蛋白糊加入蛋黄糊中翻拌均匀。
6. 将步骤 5 中的蛋黄糊倒入剩余的蛋白糊中拌匀。
7. 将步骤 6 的面糊倒入 8 寸中空模具中，震动几下。
8. 烤箱预热 180℃，中下层上下火，模具放入烤箱后调到 150℃，时间约 50 分钟。
9. 出炉后，将蛋糕倒扣晾凉脱模。
10. 将蛋糕胚子一分为二，在中间加入水果、奶油，然后在蛋糕四周抹上奶油，并用黑巧克力酱在蛋糕表面画出人物轮廓。
11. 将黑巧克力酱加入快要打发好的奶油中打匀，再装入裱花袋，在蛋糕上挤出人物的头发，并用粉红色淡奶油填充人物的衣服，用红色镜面膏填充人物的嘴。
12. 最后用黄色淡奶油填充衣领，蛋糕就完成了。

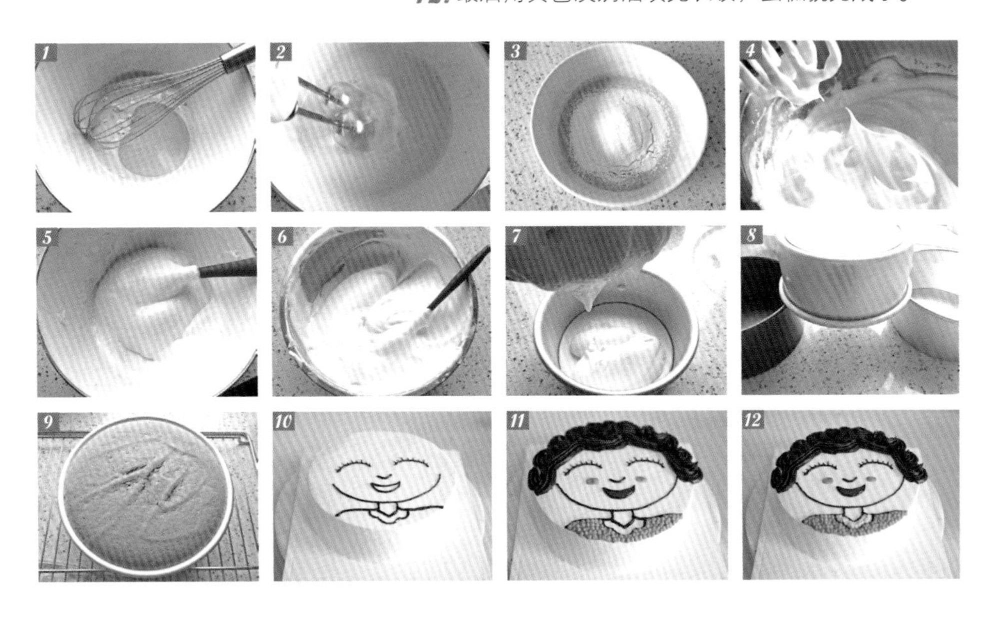

Happy Birthday

马上有钱生日蛋糕

材料 Material

蛋糕胚子

蛋黄 5 个 +20 克白糖
玉米油 45 克
牛奶 80 克
低筋粉 120 克
香草精几滴
蛋白 5 个 +70 克白糖

蛋糕装饰

淡奶油适量
白糖适量
食用色素
黑巧克力酱（黑巧克力：淡奶油 =1:1）
水果适量

做法 Practice

1. 制作一个 8 寸的戚风蛋糕胚子放凉备用。
2. 将黑巧克力块切碎放入碗中，隔着 40℃的热水使之融化后，再加入等量的淡奶油拌匀，然后待放至有余温时倒入裱花袋中备用。
3. 将蛋糕胚子一分为二，中间抹上奶油、铺上水果，然后将蛋糕周身抹上奶油，再用牙签在蛋糕表面上画出图案外轮廓线。用步骤 2 中的巧克力酱沿着轮廓线画出图案。
4. 在蛋糕下半部分，用绿色奶油挤出不规则的细长条形状，营造出马儿在草地上的场景。
5. 用白色奶油填充马儿的身体，并在马儿上方画出云朵；用棕色和橘黄色奶油填充马儿的鬃毛和背上的钱袋，然后在草地里点缀一些花朵。
6. 成品。

烘焙心语

马年到，坊间流行一个词“马上有钱”，所以很多玩具店都在售卖一款马背着钱袋子的毛绒玩具，因为这个玩具的寓意好，所以很受大家欢迎。这款蛋糕是为一个属相为马的孩子定制的生日蛋糕，很受小朋友喜欢。这款蛋糕看似繁复，其实做法一点儿也不难，大家可以一起来试试哦。

闪电麦昆立体生日蛋糕

材料 Material

蛋糕体

12寸原味蛋糕片（3片）

低筋粉300克
蛋黄12个+白砂糖45克
梨汁180克
玉米油120克
香草精几滴
蛋白12个+白砂糖135克
白醋几滴

10寸抹茶蛋糕片（1片）

低筋粉90克
抹茶粉10克
蛋黄4个+白砂糖15克
牛奶60克
玉米油40克
香草精几滴
蛋白4个+白砂糖45克
白醋几滴

8寸可可蛋糕（8寸圆模）

低筋粉100克
可可粉20克
蛋黄5个+白糖30克
玉米油45克
牛奶80克
蛋白5个+白糖70克
白醋几滴

装饰

淡奶油适量
白糖适量
水果适量
色素少许
黑巧克力酱适量
巧克力豆两粒
奥利奥饼干4块

做法 Practice

1. 先做12寸原味蛋糕片。在蛋黄中加入白糖拌匀。
2. 再加入玉米油拌匀。
3. 接着加入梨汁拌匀。
4. 继续加入香草精拌匀后筛入低筋粉。

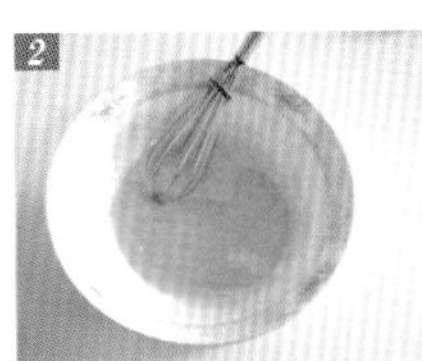

5. 将面糊拌至呈无颗粒的、顺滑的状态时，即成蛋黄糊，可以放入冰箱冷藏备用。
6. 蛋白中加入白醋打发至粗泡，再逐次加入白糖，并打发至呈干性发泡状态，即成蛋白糊。
7. 取1/3的蛋白糊加入蛋黄糊拌匀。
8. 将步骤7中的面糊全部倒入剩余的蛋白糊中翻拌均匀。
9. 将步骤8的蛋糕糊倒入垫好油纸的烤盘中，震动几下。
10. 烤箱预热150℃，烤22分钟。
11. 取出烤好的蛋糕片倒扣在网架上放凉备用。用同样的方法做好其他的蛋糕胚子。
12. 取一块12寸蛋糕片放在蛋糕纸垫上，抹上打发好的淡奶油，铺上水果。
13. 重复步骤12，将3块12寸蛋糕片全部铺好。
14. 将三块12寸蛋糕片的外层抹上淡奶油。
15. 取10寸抹茶蛋糕片，用刀切出2个稍小的长方形，再分别将长方形的四个角切出弧形，做成汽车的底盘，先将一块抹茶蛋糕片放在12寸的蛋糕上，抹上奶油后再接着放第二块。
16. 将汽车底盘全部抹上奶油。
17. 将可可蛋糕胚一分为三，将中间部分也修出弧度，然后取一片抹上巧克力酱。
18. 将第二片可可蛋糕与第一片可可蛋糕粘结上，重复操作第三片，这是车身。

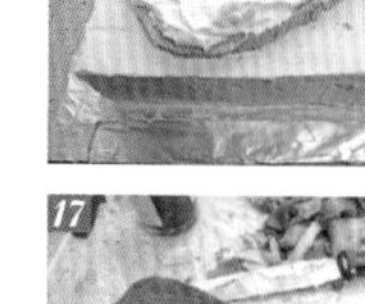

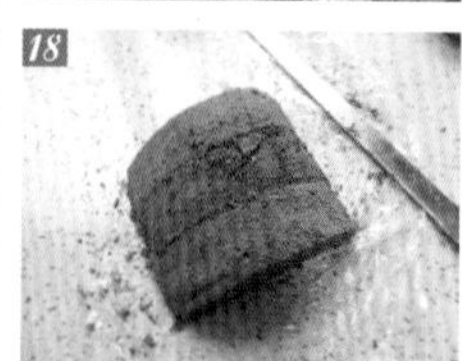

烘焙心语

这个蛋糕是做给大约50个小朋友吃的，如果人数比较少，可以将12寸3层的底托去掉，直接做一个麦昆汽车就好，或者做一个6寸圆形蛋糕，再切出来做小闪电也不错。

19. 将做好的车身放到汽车底盘上。

20. 将车身全部抹上奶油，此时，汽车蛋糕的立体模型已经做好了，接着准备装裱。

21. 取出一些淡奶油调入绿色后装入裱花袋，用小圆孔裱花嘴，在汽车底托四周挤出不规则的长条形状，绿色代表草地。在方形蛋糕体上的汽车四周空余部位撒上晒干并碾碎的可可蛋糕粉末，代表赛车场的土地颜色。

22. 将黑巧克力隔热水溶化后，加入淡奶油拌匀，再装入裱花袋中，用较小的小圆孔裱花头，在汽车的前挡风玻璃上画出麦昆的脸，然后在两侧画出车窗。

23. 再取部分淡奶油调入红色，装入裱花袋，用 6 瓣花嘴的裱花头，在整个车身上挤出规则的花型装饰麦昆的身子，在车顶上写上麦昆的标志性数字“95”。如果是生日蛋糕，可以在车的机顶盖上写上小朋友的年龄，例如孩子 1 岁可以写 1，7 岁可以写上 7。

24. 用圆形巧克力豆给麦昆做眼睛，为了使眼睛看上去有神，可以在巧克力豆上用白色奶油挤出一个圆点。

25. 最后用黑色的奥利奥饼干做四个轮胎，麦昆立体蛋糕就大功告成了。

19

20

21

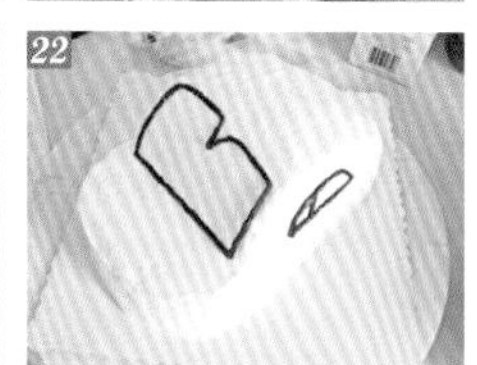
22

23

24

25

圣诞节主题蛋糕

材料 Material

6 寸可可戚风蛋糕胚子

低筋粉 50 克
可可粉 10 克
牛奶 40 克
玉米油 35 克
蛋黄 3 个 + 白糖 10 克
蛋白 3 个 + 白糖 40 克
白醋几滴

装饰

淡奶油适量
白糖适量
草莓适量
椰蓉适量
巧克力饼干条适量
车厘子罐头水果适量
圣诞老人糖人 1 个
圣诞装饰若干

4 寸原味戚风蛋糕胚子

低筋粉 20 克
牛奶 10 克
玉米油 10 克
蛋黄 1 个 + 白糖 5 克
蛋白 1 个 + 白糖 10 克
白醋 2 滴

夹层

综合水果适量

做法 Practice

1. 先制作 6 寸可可戚风蛋糕胚子，将蛋黄打散后加入白糖拌匀。
2. 再加入玉米油拌匀。
3. 接着加入牛奶拌匀。
4. 继续加入过筛的可可粉和低筋粉拌匀，即成蛋黄糊。
5. 将蛋黄糊放入冰箱冷藏备用。
6. 分三次将白糖加入蛋白中，加几滴白醋打发至呈干性发泡状态，即成蛋白糊。
7. 取 1/3 的蛋白糊拌入蛋黄糊中。
8. 将步骤 7 的蛋黄糊倒入剩余的蛋白糊中拌匀。

烘焙心语

每年圣诞节，和圣诞有关的美食自然不可或缺。这款蛋糕采用了草莓作为装饰主题，用雪白的奶油营造出白雪皑皑的背景，草莓作为衬托，为蛋糕增添了艳丽的色彩。蛋糕顶部摆上车厘子，挤上奶油，做出雪屋的形象，最后放上圣诞老人糖人和圣诞礼物作为装饰，使得这款蛋糕的圣诞气氛更显浓郁。

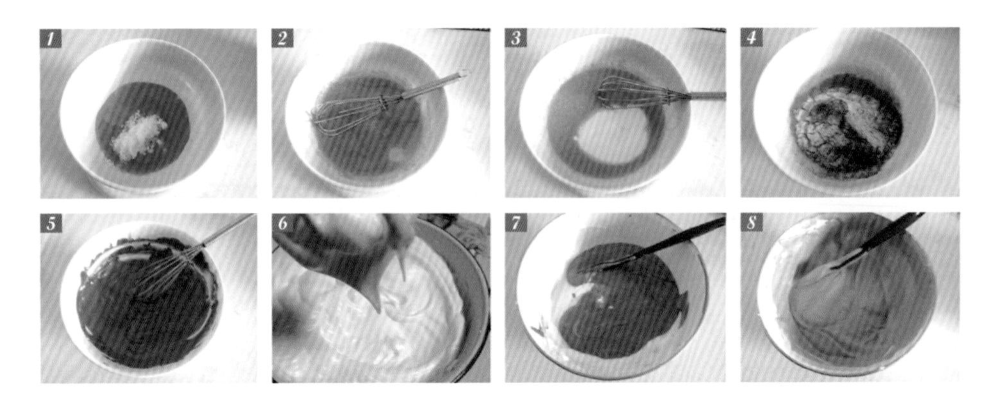

9. 将步骤 8 的面糊倒入模具中震出气泡。
10. 烤箱预热 140℃，上下火，中下层，时间 40 分钟。
11. 用同样的方法做出 4 寸蛋糕胚子。先将 6 寸的可可蛋糕胚子拦腰切开，抹上奶油，铺上综合水果，再盖上另一片可可蛋糕胚子。
12. 在可可蛋糕表层继续抹上奶油，放上原味 4 寸蛋糕胚子，抹上奶油。
13. 将蛋糕整体都抹上奶油。
14. 在蛋糕最下部沿着周边摆上草莓作装饰，在第二层蛋糕的四周插上巧克力饼干条作为栅栏，在蛋糕顶部四周摆上车厘子，蛋糕顶部空余处撒上椰蓉。
15. 最后在蛋糕顶层空余处摆上圣诞老人糖人、圣诞装饰即可。

WARS

星球大战生日蛋糕

材料 Material

低筋粉 85 克　　鸡蛋 5 个
抹茶粉 15 克　　白糖 30 克 +60 克
玉米油 40 克　　柠檬汁几滴
牛奶 60 克

烘焙心语

这款蛋糕是为庆祝一个“星战迷”小男孩的 11 岁生日而制作。蛋糕胚做的是孩子喜爱的抹茶口味，晚上接收到孩子爸爸妈妈发来图片，蛋糕已被一扫而光。

做法 Practice

1. 蛋黄中加入 30 克糖拌匀。
2. 再加入玉米油拌匀。
3. 接着加入牛奶拌匀。
4. 将低筋粉和抹茶粉过筛，分三次加入步骤 3 中，拌至没有小疙瘩备用。
5. 蛋白中加入几滴柠檬汁，再分三次加入白糖，同时打至干性发泡状态。
6. 将 1/3 的蛋白糊加入蛋黄糊中翻拌均匀。
7. 再将步骤 6 的蛋黄糊倒入剩余的蛋白糊中翻拌均匀。
8. 将步骤 7 的面糊分别倒入一个 6 寸模具中和一个 6 寸半圆模具中，在模具内约 8 分满，分别将两个模具震几下后放入烤盘。烤箱预热 150℃，下层上下火，时间 40 分钟。
9. 出炉后立即倒扣放置，晾凉后脱模。
10. 将 6 寸蛋糕胚子放在蛋糕底托上，抹上奶油，再将 6 寸半圆蛋糕胚子放在上面，将蛋糕周身都抹上白色奶油。
11. 从蛋糕顶部开始，用白色奶油朝下挤出一圈圈纹路，再填充蓝色奶油，并用彩色巧克力片装饰，最后用彩色奶油挤出星球大战的英文字母即可。

Happy Birthday

樱桃水果奶油蛋糕

材料 Material

低筋粉 33 克
柠檬汁 20 克
蛋黄 2 个 + 白糖 13 克
玉米油 20 克
蛋白 2 个 + 白糖 33 克
柠檬汁几滴
淡奶油 500 毫升 + 白糖 40 克
樱桃适量
白巧克力碎适量
干的蛋糕末适量

做法 Practice

1. 蛋黄中加入白糖拌至无颗粒状态。
2. 再加入玉米油拌匀。
3. 接着加入柠檬汁搅打至乳化状态。
4. 再加入过筛后的低筋粉拌至无颗粒状态，即成蛋黄糊。
5. 蛋白中加入几滴柠檬汁，再逐次加入白糖，同时打发至干性发泡状态。
6. 取 1/3 的蛋白糊加入蛋黄糊中翻拌均匀。
7. 将步骤 6 的蛋黄糊倒入剩余的蛋白糊中拌匀。
8. 将步骤 7 的面糊倒入 7 寸中空模具中震动几下。
9. 烤箱预热 180℃，中下层上下火，放入模具后调至 150℃，时间 50 分钟。出炉后倒扣放凉。同时将淡奶油加白糖打发至八九分发备用。
10. 将蛋糕切开，一分为二，在一片蛋糕的上部抹上一层打发好的淡奶油。
11. 将另一块蛋糕片盖在上面，然后在蛋糕四周都抹上淡奶油。
12. 在蛋糕四周均匀地撒上晒干的蛋糕末，并在蛋糕上面铺上白巧克力碎，放上樱桃即可。

烘焙心语

戚风蛋糕做好后，有一个完美脱模的好办法，就是将烤完放凉的蛋糕连同模具一起放入冰箱冷藏，大约 30 分钟后再拿出来，就非常容易脱模了，而且表皮非常完整。

足球蛋糕

烘焙心语

用巧克力酱画蛋糕时，最好从顶部往下画，这样容易控制和固定位置。

在两个半球蛋糕中间需要用一根水果签来固定，否则的话，即使把奶油抹在中间，在移动蛋糕的过程中也很容易使上下半球蛋糕出现错位。

最后在蛋糕底部随意挤上一些奶油丝，一是为了装饰，使蛋糕看起来更具有立体感，二是为了进一步将蛋糕与底座之间固定住，防止蛋糕在运输过程中发生错位。

材料 Material

低筋粉 100 克
牛奶 60 克
玉米油 40 克
蛋黄 4 个 + 白砂糖 15 克
蛋白 4 个 + 白砂糖 45 克
巧克力酱适量
椰蓉适量
淡奶油适量 + 糖适量
水果适量

做法 Practice

1~7. 用圆形蛋糕模具，并用制作戚风蛋糕的方法，制作出两个半圆球蛋糕胚子。
8. 将烤好的蛋糕胚子放凉备用。
9. 将蛋糕底托中间用剪刀剪开一个十字刀口，再将十字刀口的四个角按压下去，便于能够将下面的半球蛋糕固定住。
10. 将一个半球蛋糕放在底托上方，抹上打发好的淡奶油，铺上水果。
11. 将一根水果签插在半球蛋糕的正中间。
12. 将另外一个半球蛋糕对着水果签插上去，盖在底部半球蛋糕的上面，形成一个完整的球体，并在蛋糕外面抹上淡奶油。
13. 用巧克力酱从球面最上方开始，图出足球的六边形花纹，一直画到底部。
14. 按照足球的花纹，在蛋糕上的一些六边形框内涂上巧克力酱。
15. 在没有涂抹巧克力酱的六边形框内撒上椰蓉。
16. 在蛋糕底部用淡奶油随意挤出奶油丝，装裱就完成了。

生日快乐
采
南
10

快乐轮滑 Snoopy

材料 Material

蛋糕胚子

低筋粉 250 克
可可粉 45 克
全蛋 456 克 + 白糖 274 克
蛋白 182 克 + 白糖 114 克
淡奶油 136 克

装饰

白巧克力适量
黑巧克力适量
淡奶 1800 毫升
白糖 120 克
色素少许

做法 Practice

1. 可可海绵蛋糕的做法参考“可可海绵蛋糕”，分别制作一个 8 寸和一个 10 寸海绵蛋糕。
2. 将两个蛋糕分别一分为三，并在切开的每块蛋糕片之间加入打发的奶油。
3. 再将整个蛋糕都抹上淡奶油，再放入冰箱冷藏备用。
4. 将图片打印出来，把油纸铺在图片上，描出画面的轮廓线。
5. 将油纸翻面，把有轮廓线的朝下，干净的一面冲上，固定在板子上。
6. 把巧克力酱装入裱花袋中，在油纸上根据图样挤出细线勾勒出外轮廓。
7. 将白巧克力融化后调入颜色。
8. 对轮廓内各个部分进行填充。
9. 最后用白巧克力将边缘全部勾勒一遍起到固定作用。
10. 将冷却凝固后的巧克力转印画从油纸上撕下来，放到蛋糕中间，再打发淡奶油加入色素调匀后进行边缘装饰。

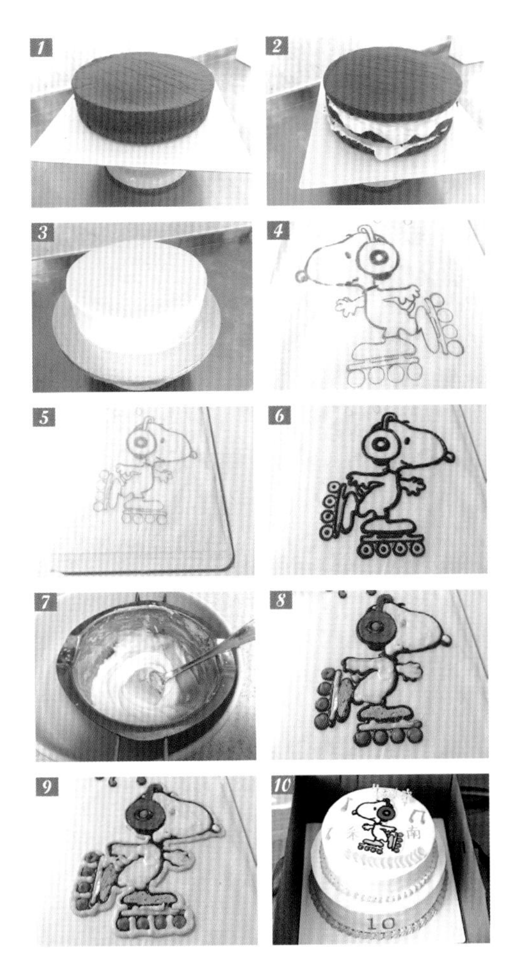

豆渣肉松戚风蛋糕

材料 Material

低筋粉 60 克
豆渣 90 克
蛋黄 4 个 +20 克白糖
蛋白 4 个 +35 克白糖
玉米油 40 克
柠檬汁 20 克 + 几滴
肉松 15 克

做法 Practice

1. 在 4 个蛋黄中加入 40 克玉米油拌匀。
2. 再加入豆渣拌匀。
3. 接着加入 20 克柠檬汁拌匀。
4. 继续加入 20 克白糖拌匀。
5. 再加入过筛的低筋粉拌匀至无颗粒状态备用。
6. 在蛋白中加入几滴柠檬汁打发至粗泡后，再分三次加入 35 克白糖，同时打发至呈干性发泡状态。
7. 取 1/3 的蛋白糊加入蛋黄糊中拌匀。
8. 将步骤 7 的蛋黄糊全部倒入剩余的蛋白糊中翻拌均匀，再加入肉松略微翻拌几下即可。
9. 将步骤 8 的面糊倒入模具中震出气泡。
10. 烤箱预热 160℃，下层上下火，时间 50 分钟。

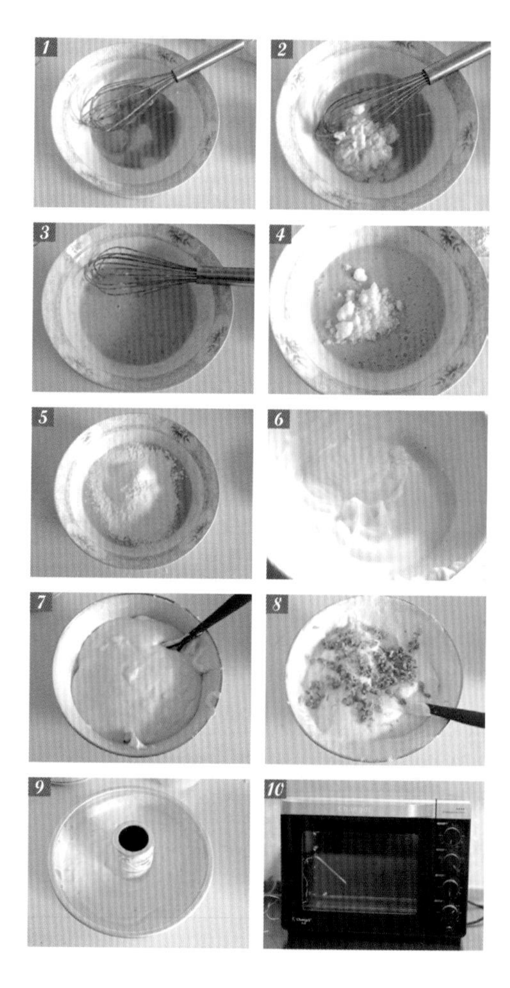

烘焙心语

儿子喜欢喝豆浆，所以每天早上都会用豆浆机榨取豆浆。因为豆渣混在豆浆中口感不好，所以喝豆浆前，我们会用筛子过滤，待豆浆喝完，剩余的豆渣就留下了。有时候，我们会用豆渣来做豆渣饼吃，但有时候就直接丢掉了。这次，我尝试将豆渣放入面糊中做成蛋糕，不仅留住了豆渣的营养，还使得蛋糕多了一份美味。成品出来，让我惊喜的是，蛋糕拿在手中的感觉非常轻盈，口感如棉花一般柔软。没几天，我又做了一款豆渣蔓越莓戚风蛋糕，蛋糕的组织仍然非常柔软，于是我将配方写下来，与大家一起分享，同时也让豆渣物尽其用。

抹茶蛋糕卷

材料 Material

低筋粉 85 克
大麦叶粉 15 克
牛奶 60 克
玉米油 40 克
蛋黄 4 个 + 白砂糖 15 克
蛋白 4 个 + 白砂糖 45 克

做法 Practice

1. 蛋黄中加入 15 克白糖拌匀，接着加入玉米油拌匀。
2. 再加入牛奶拌匀。
3. 再加入过筛的低筋粉和大麦叶粉拌至无面疙瘩状态。
4. 将拌好的蛋黄糊放入冰箱冷藏备用。
5. 将蛋白打至粗泡后，逐次加入 45 克白糖，并打发至干性发泡状态。
6. 取 1/3 的蛋白糊加入蛋黄糊中拌匀。
7. 将步骤 7 中的蛋黄糊全部倒入蛋白糊中翻拌均匀。
8. 将步骤 8 的面糊倒入烤盘中。
9. 烤箱预热 150℃，中层上下火，时间 22 分钟。将烤好的蛋糕放至不烫手时，将油纸撕下来，再将蛋糕翻面依然铺在油纸上。
10. 在距离蛋糕边 2 厘米的地方用刀刃切出痕迹来。
11. 借助擀面杖，从切有痕迹的一端开始卷起。
12. 将卷好的蛋糕卷放入冰箱冷藏 1 小时，取出后切块食用。

烘焙心语

朋友专程从日本给我寄来大麦叶茶，并告诉我说这种茶具有减肥和保健功效。我每天饭前都会喝一杯，口感十分好。一天，突然想起这大麦叶茶的色泽像极了抹茶粉，头脑里便冒出了用它代替抹茶粉做蛋卷的念头。就这样，一款新品蛋糕卷就诞生了。没有奶油夹心，也没有水果装裱，看上去清新淡雅，切一块放到嘴里，能品出淡淡的大麦叶茶香。由于这款蛋糕热量低，所以，它很适合胃口不好、缺乏食欲，同时又严格控制饮食热量的人士食用。

南瓜戚风蛋糕

材料 Material

低筋粉 60 克
南瓜适量
蛋黄 3 个
玉米油 38 克
香草精几滴
蛋白 4 个
白糖 50 克
柠檬汁几滴

做法 Practice

1. 南瓜去皮切块。
2. 将南瓜放入锅中蒸熟后打成泥。
3. 将蛋黄打散。
4. 将玉米油加入蛋黄中拌匀。
5. 再把 60 克南瓜泥和香草精加入步骤 4 中拌匀。
6. 把过筛的低筋粉加入步骤 5 中拌至无颗粒状态。
7. 把步骤 6 的蛋黄糊放入冰箱冷藏备用。
8. 蛋白中先加几滴柠檬汁，再逐次加入白糖，打发至干性发泡状态。
9. 取 1/3 的蛋白糊加入蛋黄糊中翻拌均匀。
10. 将步骤 9 的蛋黄糊倒入剩余的蛋白糊中拌匀。
11. 将步骤 10 的面糊倒入 7 寸中空模具中并震动几下。
12. 烤箱预热 150℃，中下层上下火，40 分钟，然后把温度调到 160℃，继续烤 20 分钟。

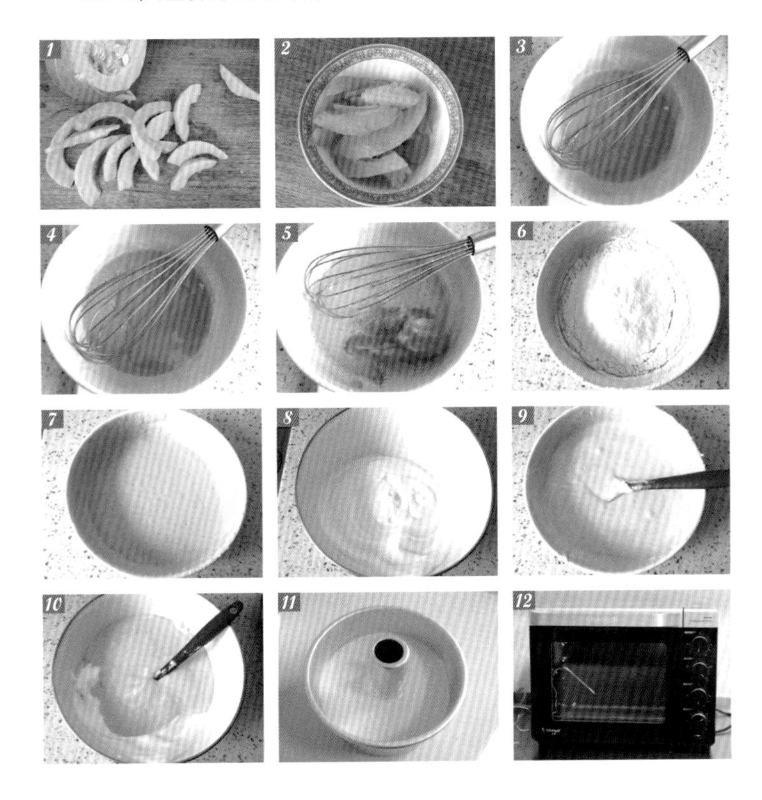

父女情深蛋糕

材料 Material

蛋糕体

奶油奶酪 120 克	水 25 克	白糖 40 克
牛奶 50 克	蛋黄 3 个	柠檬汁少许
低筋粉 15 克	蛋白 3 个	

做法 Practice

1. 将奶油奶酪室温软化。
2. 再加入牛奶拌匀。
3. 将低筋粉加入水中拌至呈顺滑的面粉糊。
4. 将步骤 3 的面糊加入步骤 2 中，隔着热水搅拌至奶酪面糊变得有阻力为止。
5. 将步骤 4 的奶酪面糊从热水上移开，加入蛋黄拌匀。
6. 蛋白中加糖和柠檬汁，打发至呈干性发泡状态。
7. 取 1/3 的蛋白糊加入步骤 5 的奶酪面糊中拌匀。
8. 将步骤 7 的奶酪面糊全部倒入余下的蛋白糊中拌匀。
9. 将步骤 8 的奶酪面糊倒入模具中并震出气泡。
10. 烤箱预热 150℃，中下层上下火，水浴法烤 60 分钟，烤好后不要立即拿出来，让蛋糕在烤箱中自然冷却后，再拿出来脱模，并放入冰箱冷藏 4 小时后食用，此时口感更好。

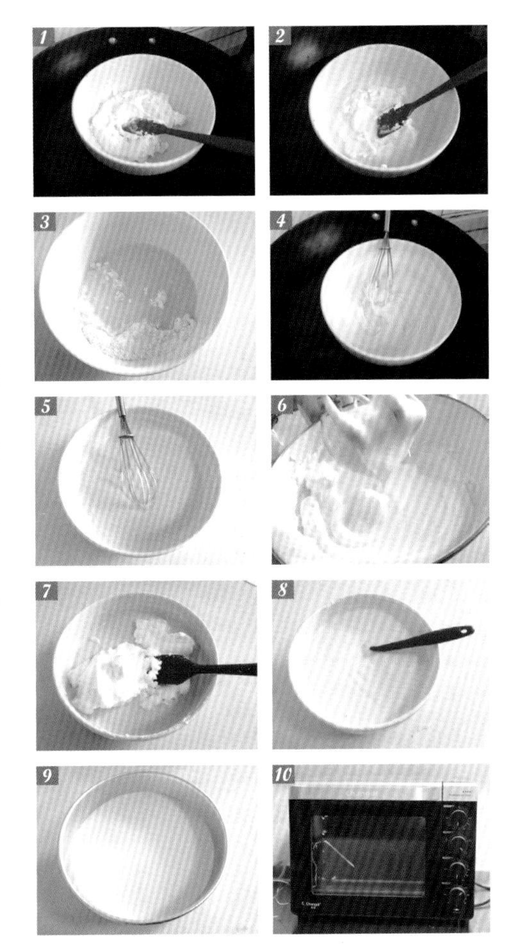

烘焙心语

巧克力转印的做法适合大多数缺少绘画功底的朋友，因为转印是用油纸压着原图对照着画，所以对于画面人物的定位比较准确，不会因为移位而走形，唯一的要求就是需要有足够的耐心，特别是对于小图和线条较多的图更是如此，画的时候手不能发抖，握笔的手腕要稳，这样画面看起来就会显得清晰明快、干净整洁。

制作这款蛋糕的转印画面，我用法芙娜黑巧克力来画轮廓线，然后在融化后的比利时白巧克力中加入色胶调制成彩色巧克力，用来填充画面。

材料 Material

巧克力转印

法芙娜黑巧克力适量
比利时 Belcolade 白巧克力适量
色素适量
淡奶油适量
裱花袋适量
油纸适量

做法 Practice

1. 将黑巧克力和白巧克力各取适量放入碗中，隔 50℃热水使其融化至顺滑无颗粒状态备用。
2. 打印出需要的图画，将油纸铺在上面，用铅笔描画出轮廓线。
3. 将油纸翻面，有铅笔线条的朝下，并用透明胶将油纸固定在硬质平板上，然后用融化的黑巧克力在油纸上描画出轮廓线，再放入冰箱冷冻 10 分钟。
4. 将白巧克力分成若干份，分别加入各种需要的色素拌匀，再装入裱花袋中备用。
5. 从冰箱取出贴有油纸的平板，将彩色巧克力液挤入轮廓线内填充颜色。
6. 用白巧克力液勾画内外轮廓，在整幅画面上涂满白色巧克力液，再放入冰箱冷冻。
7. 取出冷藏的奶酪蛋糕胚子，在蛋糕上均匀涂抹上打发好的奶油。
8. 用黄色奶油在蛋糕底部挤出贝壳奶油花，用绿色奶油在蛋糕上面挤出细条状纹路做草地装饰。
9. 取出冷冻好的巧克力画，撕去油纸，放到蛋糕合适的位置上。继续用绿色奶油填充蛋糕表面的空白处，用余下的彩色巧克力在绿色奶油上面挤出小点作为花朵装饰，最后放上做好的巧克力生日牌就大功告成了。

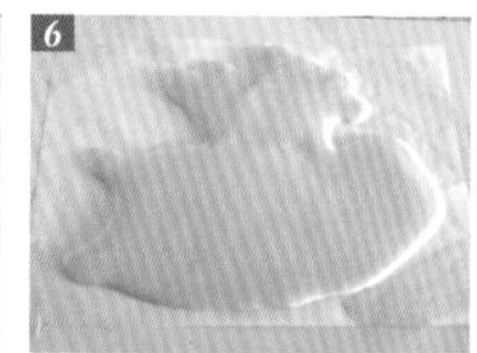
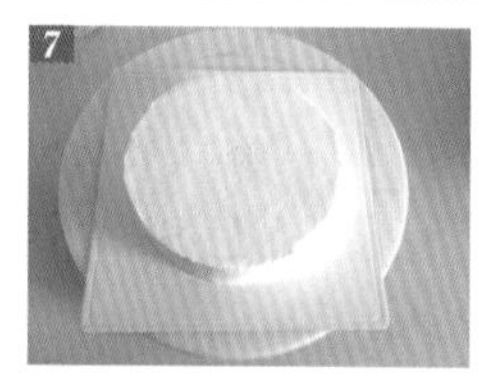
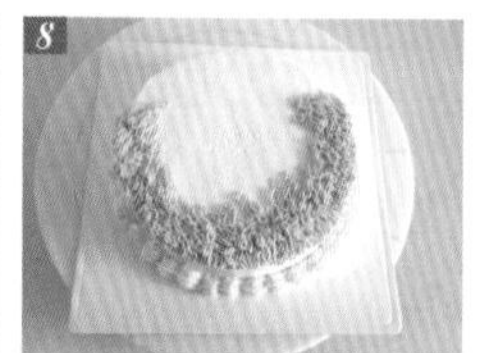

风中少年芝士蛋糕

材料 Material

蛋糕体

奶油奶酪 500 克
鸡蛋 3 个
玉米淀粉 15 克
糖粉 90 克
原味酸奶 190 克
黄油 80 克
淡奶油 190 克
消化饼干 160 克

装饰

黑巧克力适量
淡奶油 400 毫升
白巧克力适量
白糖 30 克
色素各适量

做法 Practice

1. 将消化饼干碾碎后，与融化的黄油混合，铺在模具底部并用重物压实，再放入冰箱冷藏备用。
2. 奶油奶酪室温软化后加入糖粉拌匀。
3. 接着加入蛋黄拌匀。
4. 再加入原味酸奶拌匀。
5. 继续加入淡奶油拌匀。
6. 加入过筛的粉类拌匀成面糊，再倒入模具中。
7. 烤箱预热 160℃，中下层上下火，放入模具后，将烤箱温度调至 140℃，用水浴法烘烤，时间约 60 分钟。
8. 将黑巧克力融化成液体装入裱花袋中，在准备好的油纸上画出少年的轮廓线。
9. 将白巧克力融化并调色后，用来填充眼镜、衣服、鞋子等细节。
10. 将图案全部填充完毕后放置，待巧克力慢慢凝固，然后在最上面用白巧克力涂满并待其凝固。
11. 淡奶油加糖打发后,用来涂抹蛋糕表面,然后在中间放上巧克力装饰画。
12. 将余下的淡奶油调色，用来画蛋糕的边框和作装饰即可。

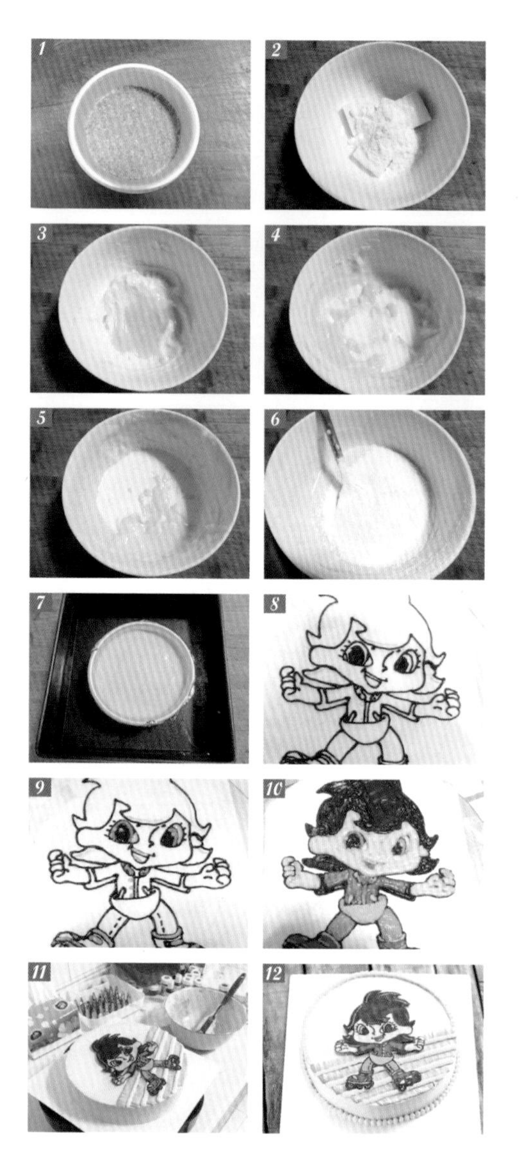

提拉米苏生日蛋糕

【咖啡糖酒液】

材料 Material

意式浓缩咖啡液 50 克
咖啡力娇酒 10 克
君度 5 克
黑朗姆 5 克
杏仁利口酒 5 克

做法 Practice

将所有原料一次性倒入浓缩咖啡液中拌匀即可。

【手指饼干】

材料 Material

低筋粉 100 克
蛋黄 4 个
蛋白 4 个
细砂糖 80 克

做法 Practice

1. 蛋白加糖后打发至干性发泡状态。
2. 蛋黄打发至体积膨胀、颜色变浅。
3. 先取 1/3 的蛋白加入蛋黄中拌匀，再将剩余的蛋白全部加入拌匀。
4. 接着筛入低筋粉拌匀。
5. 把步骤 4 的面糊装入裱花袋，在烤盘上分别挤出长条状的手指饼干的形状和圆形饼胚。
6. 烤箱预热 180℃，中层上下火，时间 20 分钟，烤好后放凉。将长条形手指饼干用刀切出长方形，长度相当于 8 寸圆模的高度；圆形饼胚用圆模切出圆形，刷上咖啡糖酒液备用。

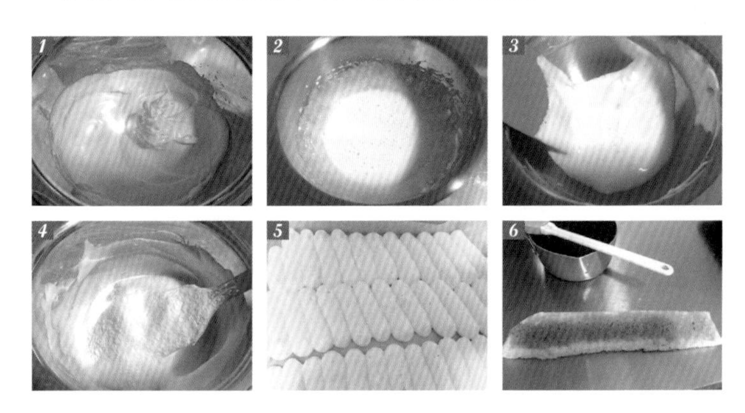

【乳酪糊】

材料 Material

马斯卡朋奶酪 250 克
淡奶油 125 克
蛋黄 2 个
吉利丁片 10 克
细砂糖 35 克
水 15 克

做法 Practice

1. 将吉利丁片用冷水浸泡，淡奶油打发至 8 分发后冷藏备用。
2. 白糖加水倒入锅中煮至沸腾。
3. 将糖水细水长流地冲入打散的鸡蛋黄中，同时快速搅拌。
4. 用电动打蛋器快速打发蛋黄至其体积膨胀、颜色变浅。

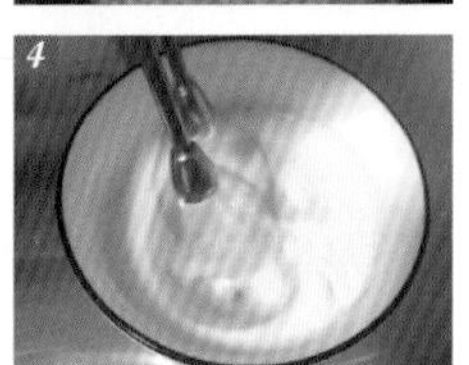

5. 将马斯卡朋奶酪加入步骤 4 中拌匀。
6. 将泡软的吉利丁片放入锅中加热至其融化。
7. 将步骤 6 的吉利丁液体倒入步骤 5 中拌匀。
8. 在步骤 7 中加入淡奶油拌匀，乳酪糊就做好了。

【组装】

做法 Practice

1. 将手指饼干放入模具中做成围边，将圆形饼胚放入包好保鲜膜的圆模底部铺平。
2. 将乳酪糊倒入模具中至 9 分满（如果有慕斯圈可以直接倒满，我是将 8 寸蛋糕模具倒扣过来使用的），放入冰箱冷冻。
3. 取出冷冻好的蛋糕脱模。
4. 在蛋糕表面筛上一层防潮糖粉。
5. 接着再筛上一层防潮可可粉。
6. 最后摆上巧克力装饰件就完成了。

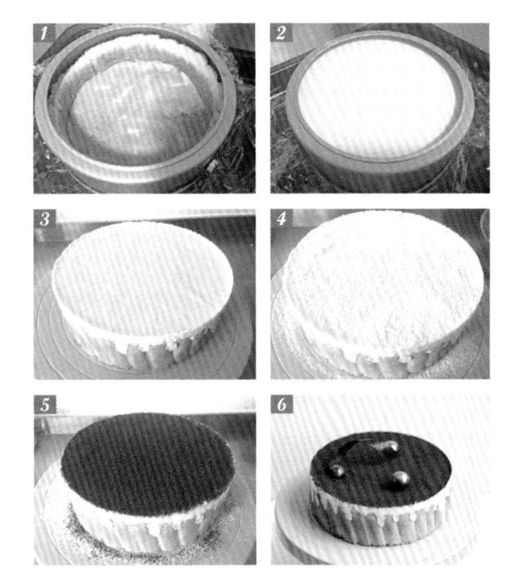

烘焙心语

在意大利语中，提拉米苏（Tiramisù）的意思是"请带我走"或者"请记住我"，意喻着爱和幸福。

这是一款非常有名的意大利式蛋糕，它是由泡过咖啡或兰姆酒的手指饼干，加上马斯卡彭、蛋黄、干酪、糖的混合物，然后在蛋糕表面撒上一层可可粉制作而成。它混合了 Espresso（特浓意大利咖啡）的苦、蛋与糖的润、甜酒的醇、巧克力的馥郁、手指饼干的绵密、乳酪和鲜奶油的稠香、可可粉的干爽，其口感香醇浓沉。寥寥几种材料，就把"甜"以及能够被甜唤醒的各种错综复杂的体验，糅合演绎到了极致。

鸟巢芝士蛋糕

材料 Material

芝士蛋糕

全麦消化饼干 80 克
黄油 35 克
奶油奶酪 150 克
糖 58 克
鸡蛋 1 个
橙皮 1/2 个
橙汁 38 克
酸奶 100 克

装饰

白巧克力适量
黑巧克力适量
蛋形糖果若干

做法 Practice

1. 将全麦消化饼干装入食品袋中并用擀面杖碾碎。
2. 将黄油切块后放入饼干碎中。
3. 用手将黄油捏入饼干碎中混合均匀。
4. 将步骤 3 的饼干碎放入模具中，先将四周按紧，然后把底部压实。
5. 用原汁机将橙子榨汁备用。
6. 将奶油奶酪、糖、鸡蛋、橙汁、酸奶和橙皮放入料理杯中打匀。
7. 将步骤 6 的奶酪糊倒入步骤 4 的模具中。
8. 烤箱预热 160℃，中层上下火，时间 30 分钟。
9. 待巧克力融化后，在蛋糕上作出鸟巢和树枝的造型，摆上糖果装饰即可。

冷凝树莓芝士蛋糕

【海绵蛋糕底】

材料 Material

鸡蛋 1 个
细砂糖 29 克
低筋粉 29 克
黄油 8 克
白巧克液适量
糖水适量

做法 Practice

1. 锅中加水加热至 50℃。
2. 将装有鸡蛋的盆放在热水上，隔水加热并快速打发蛋液。
3. 接着加入糖并打发至蛋液呈丝带状，插入一根筷子可以立住不倒，此时提起打蛋器，蛋糊落入盆中不会立即消失。

1

2

3

4. 将过筛的低筋粉分两次加入步骤 3 中翻拌均匀。
5. 再加入融化的黄油拌匀。
6. 将步骤 5 的面糊倒入铺有油纸的烤盘中，用抹刀抹平，面糊约 5 厘米厚。
7. 烤箱预热 190℃，中层上下火，时间 8 分钟。
8. 将放凉的蛋糕片用 4 寸慕斯圈切出圆形，在表面涂抹白巧克液，然后将抹好巧克力液的一面冲下放在包好保鲜膜的 4 寸慕斯圈底部。
9. 在蛋糕片上用刷子刷上糖水（糖：水＝1:2，煮沸放凉即可）备用。

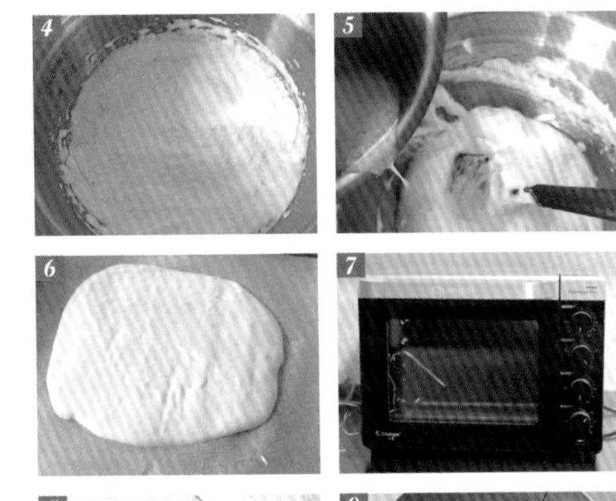

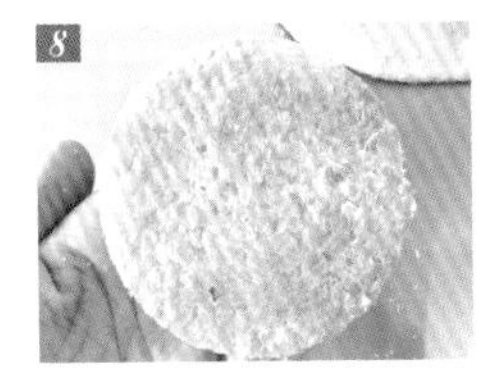

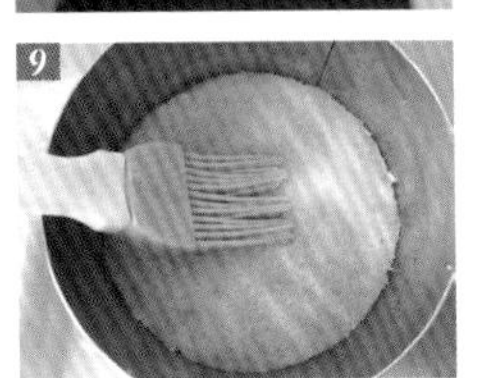

【芝士糊】

材料 Material

奶油奶酪 63 克
酸奶 50 克
糖粉 22 克
淡奶油 63 克
吉利丁片 2 克

做法 Practice

1. 将吉利丁片用水浸泡备用。
2. 将淡奶油打发至 5 分发，此时看起来如酸奶状，然后放入冰箱冷藏备用。
3. 将奶油奶酪隔着热水软化后，加入糖粉拌匀。
4. 将沥水后的吉利丁片放入加热至 60℃的酸奶中拌匀。
5. 接着加入奶油奶酪拌匀，再加入淡奶油拌匀成糊。
6. 将步骤 5 的奶酪糊倒入铺好蛋糕片的模具中冷藏 4 小时。

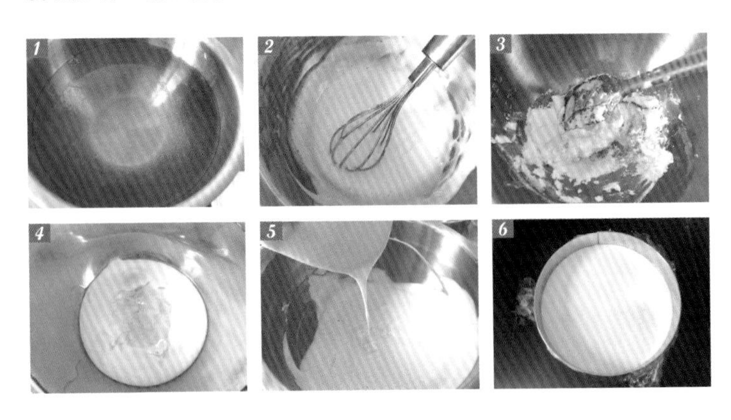

【树莓镜面】

材料 Material

树莓果蓉 100 克
细砂糖 20 克
吉利丁片 3 克

做法 Practice

1. 吉利丁片用水浸泡备用；将 1/2 的树莓果蓉倒入锅中，加糖后煮至周边冒小气泡时离火。
2. 把沥水的吉利丁片加入步骤 1 中拌匀。
3. 把余下的树莓果蓉倒入步骤 2 中拌匀冷却。
4. 将做好的树莓镜面倒在表面已经凝固的芝士蛋糕上，继续冷藏至蛋糕整体完全凝固。

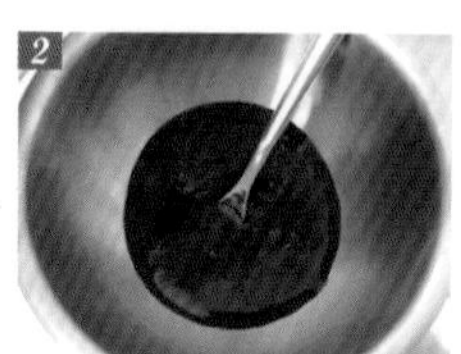
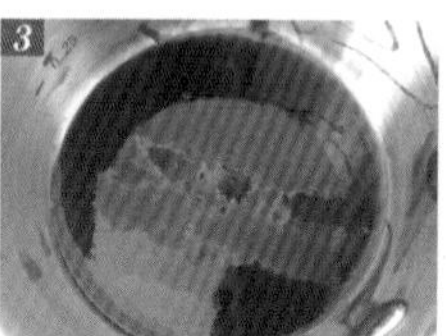
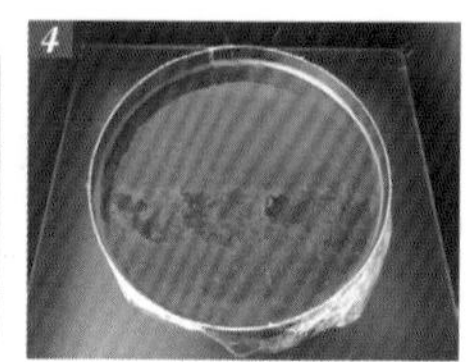

【组合】

做法 Practice

1. 制作巧克力装饰片。
2. 将冷凝芝士蛋糕脱模后放入盘中。
3. 放上巧克力装饰片和树莓做装饰即可。

柠香芝士蛋糕

材料 Material

奶油奶酪 130 克
低筋粉 25 克
玉米淀粉 10 克
原味酸奶 50 毫升
淡奶油 50 毫升
蛋黄 3 个
糖粉 40 克
黄油 40 克
消化饼干 80 克

做法 Practice

1. 将消化饼干碾碎后，与融化后的黄油混合铺于模具底部，并且用重物压实，再放入冰箱冷藏备用。
2. 奶油奶酪室温软化后，加入糖粉拌匀。
3. 再加入蛋黄拌匀。
4. 接着加入原味酸奶拌匀。
5. 加入淡奶油拌匀。
6. 最后加入过筛的粉类拌匀成面糊，再倒入模具中。
7. 烤箱预热 160℃，中下层上下火，放入模具后将温度调至 140℃，用水浴法烘烤约 60 分钟。

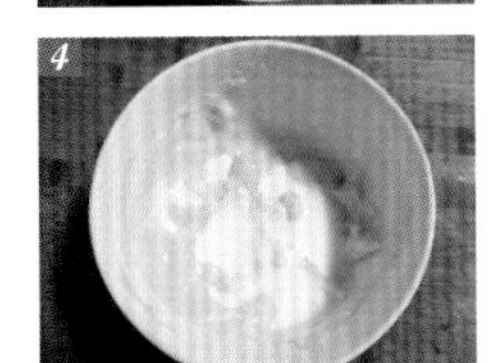

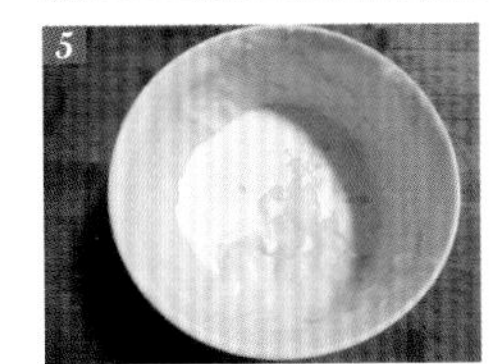

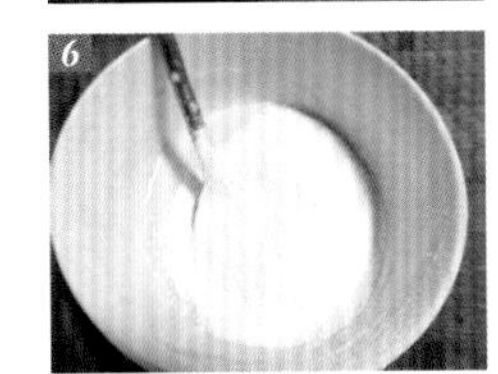

烫面轻乳酪蛋糕

材料 Material

奶油奶酪 33 克 + 牛奶 14 克
低筋粉 13 克 + 牛奶 15 克
蛋黄 15 克
蛋白 30 克
白糖 14 克

做法 Practice

1. 先将奶油奶酪室温软化。
2. 随即加入 14 克牛奶中拌匀。
3. 将低筋粉加入 15 克牛奶中拌匀。
4. 将步骤 2 中的混合物隔着热水一边搅拌，一边加入步骤 3 中的牛奶面糊拌匀。
5. 将步骤 4 的奶酪面糊从热水盆上移开后，加入蛋黄拌匀备用。
6. 在蛋白中加糖，并打发成蛋白糊。
7. 在蛋白糊中，先取 1/3 加入步骤 5 中拌匀，再将奶酪糊全部倒入余下的蛋白糊中拌匀。
8. 将步骤 7 中的奶酪糊倒入模具中并震出气泡。
9. 烤箱预热 150℃，中下层上下火，水浴法，放入模具后将烤箱温度调至 130℃，烤大约 35 分钟，然后关下火并将模具换至上层继续烘烤 5 分钟，待蛋糕上色即可关火。放凉后脱模，并放入冰箱冷藏隔夜后食用，此时口味极佳。
10. 成品。

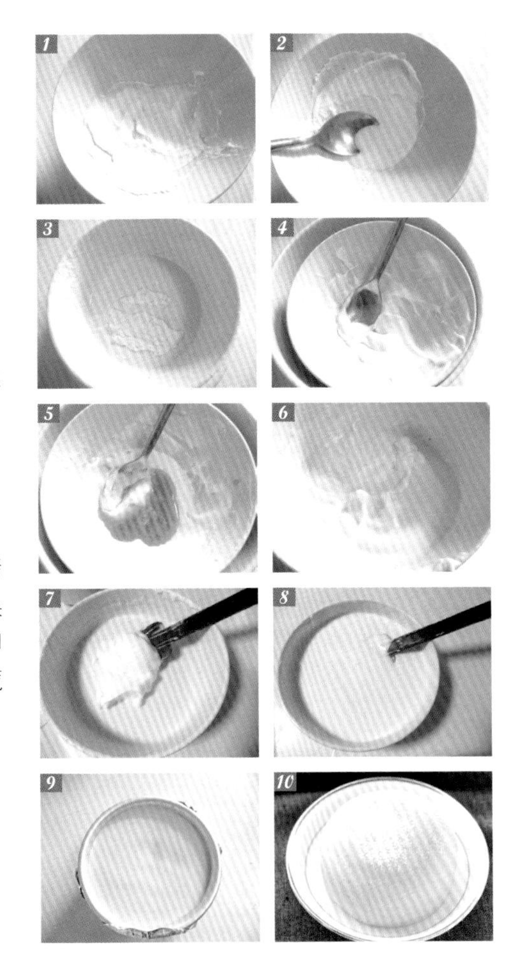

纽约芝士蛋糕

材料 Material

蛋糕

消化饼干 90 克
黄油 45 克
奶油奶酪 250 克
鸡蛋 2 个
白糖 56 克
马斯卡朋奶酪 75 克

表面装饰

马斯卡朋奶酪 50 克
白糖 15 克
椰蓉适量

做法 Practice

1. 消化饼干用擀面杖碾碎备用。
2. 黄油放入容器中，隔着热水融化备用。
3~4. 将步骤 1 的消化饼干加入黄油中拌匀，再铺在模具底部压实整平，然后放入冰箱冷藏备用。
5. 将奶油奶酪加入白糖中并放入料理机内，打至呈顺滑状态后，再分次加入打散的鸡蛋中拌匀，然后加入 75 克软化的马斯卡朋奶酪拌匀。
6. 将步骤 4 中的奶酪糊倒入模具内，烤箱预热 160℃，水浴法，中下层上下火，时间 60 分钟。
7. 将 50 克马斯卡朋奶酪加入 15 克白糖中搅至呈顺滑状态备用。
8. 将烤好的蛋糕放凉后，将步骤 7 中的奶酪糊倒在蛋糕表面并摊开成圆形，然后放入冰箱冷藏 4 小时左右。将蛋糕从冰箱中取出并脱模，撒上椰蓉即可食用。

Part 4 小吃篇

蛋黄酥

材料 Material

油皮

中筋粉 150 克
黄油 60 克
白糖 10 克
水 70 克

油酥

低筋粉 160 克
黄油 80 克

内馅

咸蛋黄适量
豆沙馅适量

做法 Practice

1. 将油皮材料混合后揉成团，然后分割成 16 等份。
2. 将油酥材料混合成团，也分割成 16 份。
3. 将油皮擀开。
4. 将油酥包入油皮内。
5. 将收口捏紧后朝下放置。将所有的都包好后盖上保鲜膜松弛备用。
6. 将咸蛋黄用油浸泡。
7. 再将蛋黄上锅蒸 5 分钟后放凉备用。
8. 用豆沙馅包裹住咸蛋黄。
9. 再将松弛好的面团取出擀开成椭圆形。
10. 将擀开的面团再卷起松弛 10 分钟，然后重复擀开卷起。
11. 将面卷拦腰对折。
12. 然后将两头捏紧。
13. 再将面团擀开成圆形。
14. 接着包入内馅。
15. 最后将收口捏紧朝下放置。
16. 烤箱预热 180℃，中层上下火。在蛋黄酥胚子表皮刷蛋液，撒上黑芝麻，烘烤 25 分钟即可。

虎皮泡芙

【虎皮面团】

材料 Material

黄油 30 克
细砂糖 36 克
杏仁粉 8 克
低筋粉 24 克
可可粉 4 克

做法 Practice

1. 先将黄油切成小块。
2. 再把所有的材料一次性混合，然后用手搓匀。
3. 将步骤 2 中的材料从容器中倒出来，放在操作台上，再用折叠方式使其成团。
4. 将步骤 3 的面团放在一张硬塑料纸上，盖上一张塑料纸，然后用擀面杖将其擀成厚约 1 ~ 2 毫米的薄片，再放入冰箱冷冻备用。

1

2

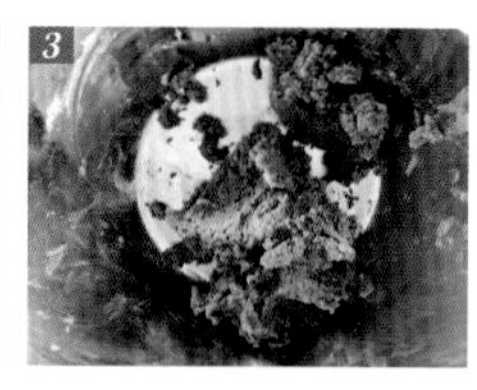
3

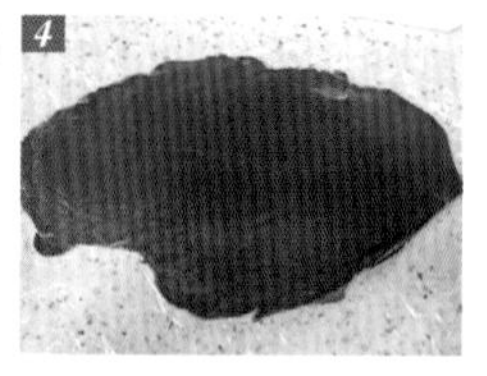
4

【泡芙面团】

材料 Material

牛奶 87.5 克
黄油 35 克
盐 1.5 克
细砂糖 3 克
低筋粉 27.5 克
高筋粉 25 克
鸡蛋 96 克

做法 Practice

1. 把黄油切成小块放入锅中。
2. 加入牛奶、盐、糖后，先用小火加热至黄油融化。
3. 改用中火继续煮至沸腾后离火。
4. 将过筛后的粉类加入步骤 3 中，拌匀至无明粉。
5. 接着开中火，一边加热一边用橡胶刮刀不断翻炒面团，确保面团的每部分都被烫熟，当面团不松散、表面有光泽、锅底还有一层薄薄的膜时，即可停止加热。
6. 将步骤 5 中的面团倒入盆中降温至 60℃以下，然后多次少量加入打散的蛋液，每次拌匀后观察面团的状态。
7. 当最后一次加入蛋液拌匀后，用刮刀从面糊底部抄起一团面糊，竖直提起，面糊会有一部分落下，剩余面糊会挂在刮刀上下垂，呈倒三角状，这时的面糊适合用来制作泡芙。
8. 将步骤 7 的面糊装入裱花袋中。
9. 将面糊挤在铺好油纸的烤盘上，挤出圆形，直径约 4 ~ 4.5 厘米。
10. 用饼干切模切出虎皮面胚。
11. 将虎皮面胚盖在泡芙面胚上，并轻轻按压。
12. 烤箱预热 180℃，中层上下火，时间 40 分钟。

【榛子卡仕达酱】

材料 Material

蛋黄 2 个	玉米淀粉 12 克
黄油 15 克	牛奶 250 克
细砂糖 50 克	100% 纯榛子酱 50 克
吉士粉 12 克	香草荚适量

做法 Practice

1. 取出香草荚中的籽粒加入牛奶中。
2. 将蛋黄和糖放入容器中打匀。
3. 把吉士粉和玉米淀粉加入步骤 2 中拌匀。
4. 将步骤 1 的牛奶煮至 83℃左右离火。
5. 把步骤 3 中的蛋黄糊倒入步骤 4 的牛奶中拌匀。
6. 再将步骤 5 中的牛奶液倒入锅中用小火煮，一边煮一边不断用打蛋器搅拌，防止糊底。
7. 当步骤 6 中的混合物煮至快要变浓稠时，用刮刀从锅的中间划过，两侧的蛋黄糊不往中间聚拢时即可迅速离火，然后快速搅拌降温，防止结块。
8. 待降温至 40℃时，加入黄油块拌匀，做成主厨奶油。
9. 取 100 克主厨奶油，加入 50 克榛子酱拌匀即可。

1

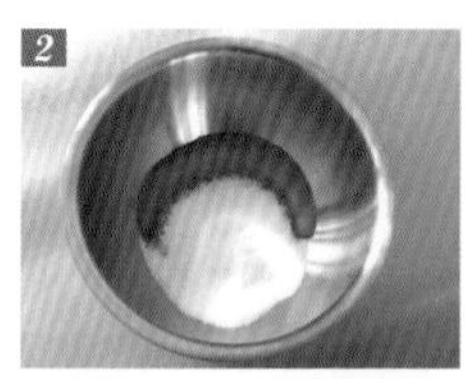
2

3

4

5

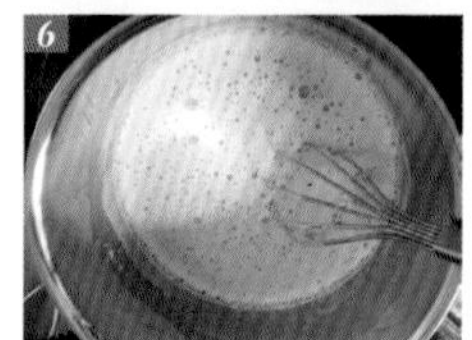
6

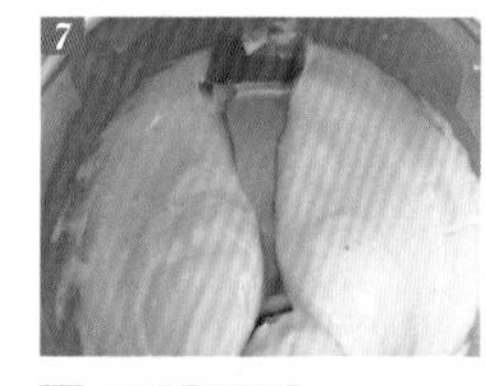
7

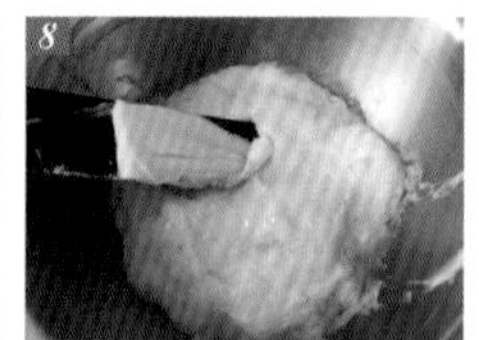
8

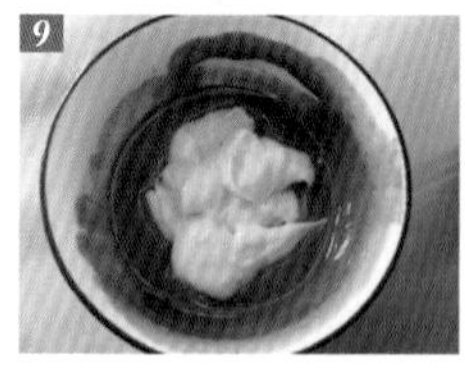
9

【组合】

做法 Practice

1. 将榛子酱主厨奶油装入裱花袋中。
2. 用刀将泡芙的顶部切开。
3. 将主厨奶油挤入泡芙中夹好。
4. 在泡芙顶部再挤上少许主厨奶油装饰巧克力片即可。

咖啡椰奶布丁

材料 Material

布丁

淡奶油 100 克
牛奶 100 克
香草精 2 克
细砂糖 30 克
鸡蛋 2 个

淋面

咖啡粉 10 克
细砂糖 20 克
清水 60 克

做法 Practice

1. 将鸡蛋打散后加入香草精拌匀。
2. 将牛奶、淡奶油倒入锅中煮沸后移开，然后加入细砂糖拌匀。
3. 将步骤 3 中的混合物倒入步骤 1 中拌匀。
4. 将步骤 4 中的液体过筛后倒入锅中。
5. 将步骤 5 的液体再次过滤后倒入玻璃瓶中，盖上锡纸，再放入烤盘，烤箱预热 150℃，中层上下火，时间 20 分钟。
6. 将咖啡粉、细砂糖、清水混合后加热，并煮至呈浓稠状态，放凉后倒在布丁表面即可食用。

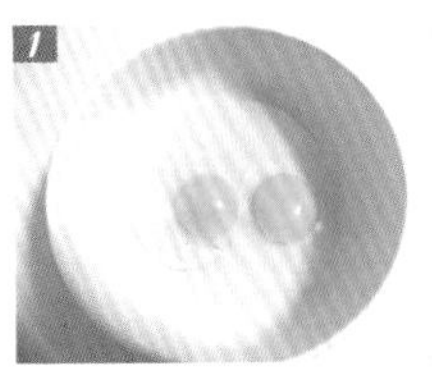

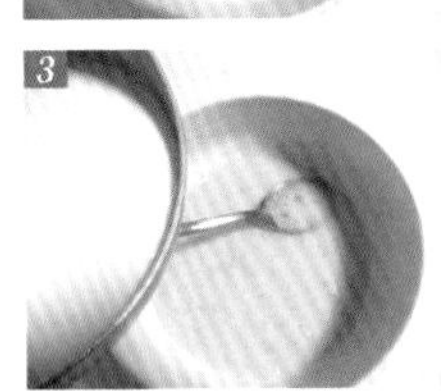

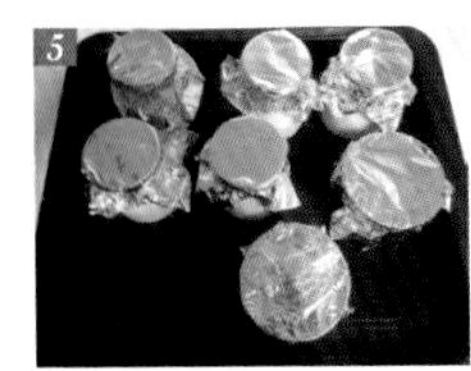

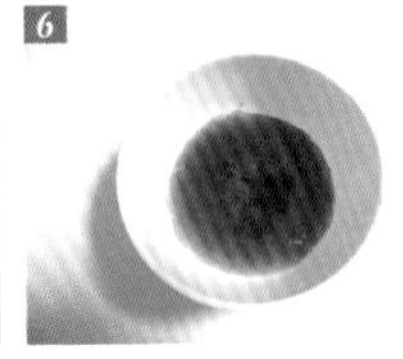

杨梅布丁

材料 Material

杨梅 250 克
水 500 克
冰糖适量
杨梅汁 120 克 + 吉利丁片 1 片
牛奶 100 克 + 杨梅汁 20 克 + 吉利丁片 1 片
牛奶 120 克 + 吉利丁片 1 片

做法 Practice

1. 杨梅洗净备用。
2. 将杨梅放入锅中，加入 500 克水和冰糖，熬煮至呈浓稠状态。
3. 熬煮好的杨梅放凉后，杨梅渣可以直接食用，剩余的杨梅汁备用。
4. 将所有的吉利丁片用冷水浸泡至软备用。
5. 将 120 克杨梅汁倒入锅中，稍微加热后，取 1 片吉利丁片放入锅中融化拌匀。
6. 将步骤 5 中的混合物放凉后，倒入布丁模具中，这是杨梅布丁的第一层，杨梅布丁层，然后放入冰箱冷藏 1 小时。
7. 将 100 克牛奶和 20 克杨梅汁倒入锅中，加热后再放入 1 片吉利丁片使之融化并拌匀。
8. 将步骤 7 中的混合物倒入模具中，这是杨梅布丁的第二层，杨梅牛奶布丁层，同样放入冰箱冷藏 1 小时。
9. 把 120 克牛奶倒入锅中加热，放入 1 片吉利丁片使之融化并拌匀。
10. 将步骤 9 的混合物倒入模具中，这是杨梅布丁的最后一层，牛奶布丁层，继续放入冰箱冷藏至完全凝固即可。

法式水果软糖

烘焙心语

Pâtesdefruits 是传统法式糖果，大约 10 世纪时，法国 l'Auvergne 地区就出现了这种糖果。这种糖果采用纯天然的水果果浆与糖一起熬煮，再加入天然果胶凝固而成，既不含过量添加剂，也不弹牙，口感鲜美香糯。制作这种水果软糖其实也是储存水果的一种好方法。如今，这款软糖已经成为我家圣诞季必不可少的一道手工美食。

甜橙软糖

材料 Material

白糖 130 克
玉米糖浆 45 克
苹果胶 8 克
柠檬酸 1 克
鲜橙几个

做法 Practice

1. 橙子去皮后榨 200 克汁备用。
2. 把苹果胶与 20 克白糖均匀混合。
3. 将步骤 1 的果汁倒入不粘锅中，用电磁炉小火加热至 40℃，再倒入盛着苹果胶和白糖的容器中，让苹果胶充分溶解。
4. 再将步骤 3 的果汁倒回锅中，煮至接近沸腾时，加入剩余的 110 克白糖和玉米糖浆，搅拌均匀后用小火熬煮至 107℃，然后离火并加入柠檬酸拌匀。
5. 把步骤 4 中的果泥迅速倒入模具中，自然冷却约 1 小时后脱模。把脱模后的软糖放在细白砂糖中滚一下，避免软糖互相粘黏，然后放入密封罐子里阴凉避光或者冷藏保存。

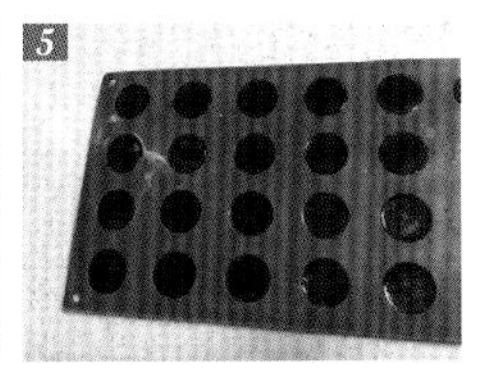

百香果软糖

材料 Material

百香果果泥（去籽）200 克
白糖 130 克
玉米糖浆 45 克
苹果胶 6 克

做法 Practice

1. 百香果去壳过筛后，果浆备用。
2. 把苹果胶与 20 克白糖均匀混合。
3. 将步骤 1 的果浆倒入不粘锅，用电磁炉文火加热至 40℃，然后倒入盛有苹果胶和白糖的容器中，让果胶充分溶解。

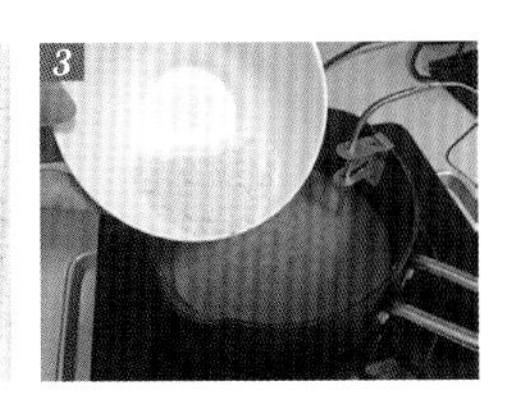

4. 将步骤 3 的果浆倒回锅中，煮至接近沸腾时，加入剩余的110克白糖和玉米糖浆，搅拌均匀后继续用小火熬煮至 107℃。
5. 将步骤 4 中的果泥迅速倒入模具中，自然冷却约 1 小时后脱模。把脱模后的软糖在细白砂糖中滚一下，避免软糖互相粘黏，再放入密封罐子里阴凉避光或者冷藏保存。

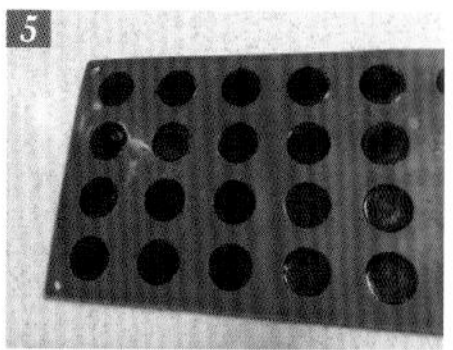

树莓软糖

材料 Material

树莓果泥（去籽）200 克
白糖 130 克
玉米糖浆 40 克
苹果胶 6 克

做法 Practice

1. 将树莓过筛，果浆备用。
2. 把苹果胶与 20 克白糖均匀混合。
3. 将步骤 1 的果浆倒入不粘锅，用电磁炉文火加热至 40℃，再倒入盛有苹果胶和白糖的容器里，让苹果胶充分溶解。
4. 将步骤 3 的果浆倒回锅中，煮至接近沸腾时，加入剩余的 110 克白糖和玉米糖浆，搅拌均匀后继续小火熬煮至 105℃。
5. 把步骤 4 的果泥迅速倒入模具中，自然冷却 1 小时后脱模。
6. 把步骤 5 中的软糖在细白砂糖中滚一下，可以软糖互相粘黏，再放入密封罐子里阴凉避光或者冷藏保存。

家庭版费列罗巧克力

材料 Material

淡奶油 50 克	榛子果适量
黑巧克力 100 克	杏仁角适量
君度酒 2 克	黑巧克力适量
金朗姆酒 2 克	

做法 Practice

1. 先将淡奶油加热到85℃离火。
2. 再把淡奶油倒入切碎的100克黑巧克力中。
3. 待黑巧克力完全融化并混合均匀，然后放至不烫手时，加入君度酒和金朗姆酒混合均匀。
4. 将步骤3的巧克力液倒入铺了保鲜膜的模具中，放凉至巧克力液凝固。
5. 用勺将凝固后的巧克力刮成重约10克的小球。
6. 在巧克力小球中包入一颗去皮的榛子。
7. 将步骤6中的巧克力搓成球状，放入盘中。
8. 将步骤7的巧克力球放入杏仁角中滚一下，让巧克力球面沾满杏仁角。
9. 锅中加水，加热至不超过55℃。
10. 将另外的黑巧克力隔着热水融化。
11. 将融化后的黑巧克力倒在案板上约2/3的量。
12. 用铲刀来回溜巧克力使之降温。
13. 待案板上的黑巧克力降温至27℃后，再铲回锅中与余下的1/3的黑巧克力混合搅拌。
14. 待锅中的巧克力最终温度降至32℃时，即完成对黑巧克力液的调温。
15. 将步骤8的巧克力球放入调温后的黑巧克力液中，滚一下即可取出放在网架上。
16. 待巧克力球表面的黑巧克力液凝固即可。

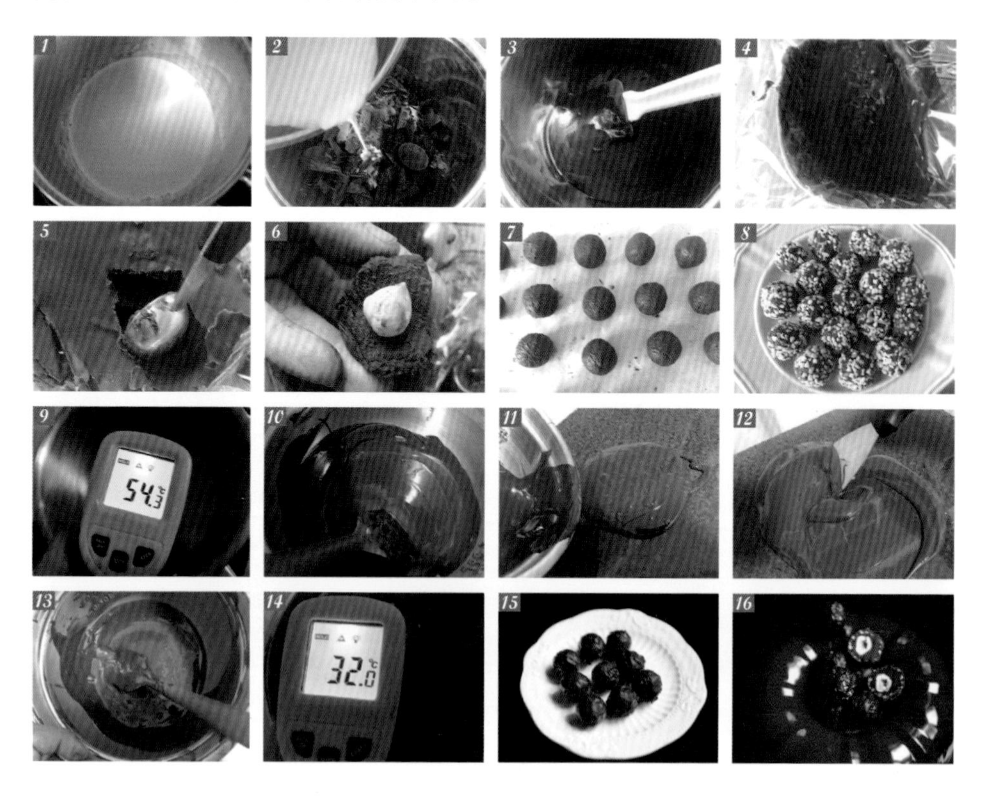

炫彩情人节爱心巧克力

【巧克力壳】

材料 Material

白巧克力适量

巧克力色豆适量

做法 Practice

1. 将白巧克力隔水融化并进行调温后备用。
2. 将蓝色、白色、红色巧克力色豆分别称量好备用。
3. 将蓝色、白色巧克力色豆分别隔着热水使之融化。
4. 将白色、蓝色巧克力色豆液，分别用硬质毛刷蘸上，并随意撒在巧克力模具内壁上。
5. 将红色色豆融化后，加入步骤 1 的白巧克力中拌匀。
6. 将步骤 5 的红色巧克力液体倒入模具，再快速倒扣，让多余的巧克力液体流出，然后用刮刀从底部刮干净，再正面朝上放置，待巧克力液自行凝固。

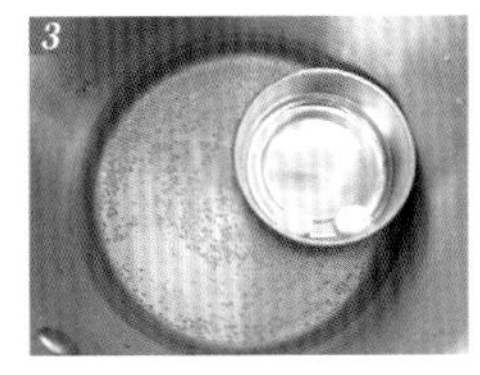

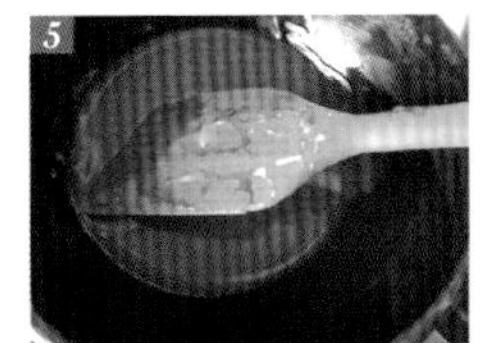

【树莓软焦糖】

材料 Material

葡萄糖浆 60 克

水 15 克

细砂糖 120 克

树莓果茸 60 克

黄油 15 克

做法 Practice

1. 将所有材料称量好备用。
2. 将砂糖和水倒入锅中，小火加热使砂糖融化。
3. 再倒入葡萄糖浆，改大火煮至糖水呈琥珀色。
4. 将 1/2 的树莓果茸倒入锅中拌匀，再继续倒入剩余的树莓果茸拌匀。

5. 将步骤 4 的树莓软焦糖放至 38℃后，再加入切成小块的黄油拌匀。
6. 将步骤 5 的树莓软焦糖盖上保鲜膜，放凉备用。

【白巧克力馅】

材料 Material

白巧克力 100 克
淡奶油 50 克

做法 Practice

1. 将淡奶油加热至 85℃。
2. 再把淡奶油冲入白巧克力中，使白巧克力融化，再冷却备用。

【组装】

做法 Practice

1. 将白巧克力馅装入裱花袋，再挤入巧克力壳内约 1/3 的位置。
2. 接着将树莓软焦糖内馅装入裱花袋，再挤入巧克力壳中约 9 分满。
3. 再挤入调温后的白巧克力并使之填满巧克力壳，然后放置，让巧克力自然凝固后再倒扣过来脱模。

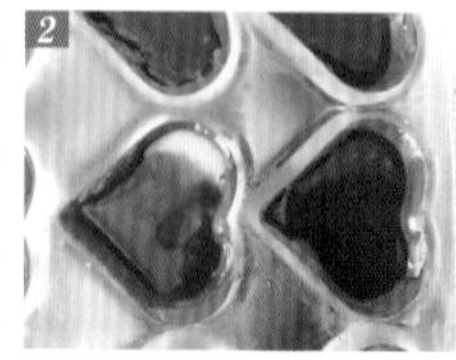

太妃糖

材料 Material

淡奶油 200 克　　玉米糖浆 30 克

白砂糖 100 克　　海盐 1 克

做法 Practice

1. 把白砂糖和玉米糖浆倒入锅中小火加热至糖融化。
2. 再加入淡奶油，改用中大火煮沸，再改小火熬煮。
3. 一边熬煮一边搅拌避免糊底。
4. 待锅中的混合物煮至温度稳定在 140℃时离火。
5. 把海盐加入步骤 4 中拌匀。
6. 把步骤 5 中的混合物倒在铺好油纸的烤盘里整形成长方形。待做好的太妃糖快要放凉时，用刀切成小块即可。

蛋白霜糖

材料 Material

蛋白1个
细砂糖45克
糖粉45克
覆盆子粉适量

做法 Practice

1. 蛋白打出粗泡后，分两次加糖并继续打至提起打蛋头时，下垂的蛋白糊呈小尖峰状态。
2. 加入糖粉翻拌均匀。
3. 加入覆盆子粉拌匀。
4. 把步骤3的蛋白糊装入裱花袋，挤在烤盘上。
5. 烤箱预热100℃，中层上下火，时间30分钟，关火后继续在烤箱内焖至自然降温冷却后取出。

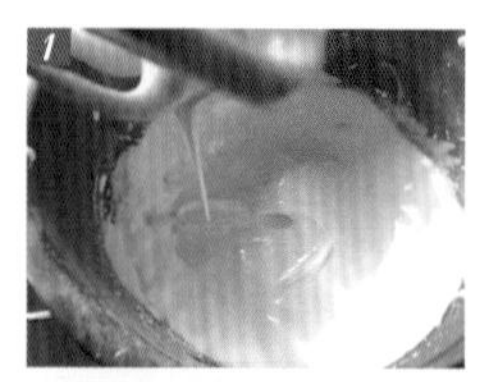

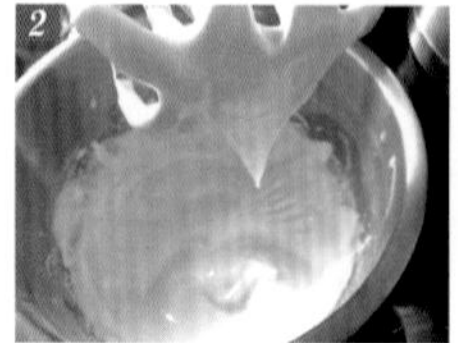

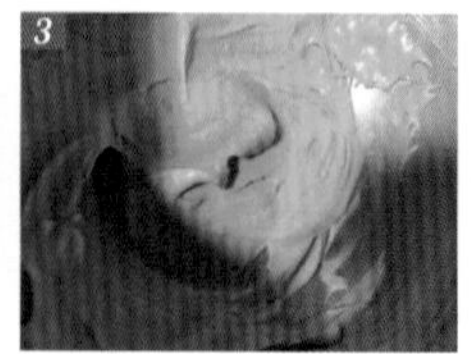

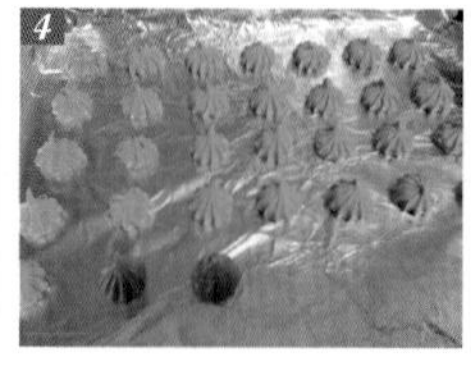

广式莲蓉蛋黄月饼

材料 Material

饼皮

普通面粉 390 克
转化糖浆 250 克
枧水 6 克（碱面：水 =1:3）
玉米油 90 克

内馅

咸蛋黄 50 个
莲子 400 克
水 720 克
绵白糖 200 克
麦芽糖 100 克
玉米油 100 克
白酒适量

装饰

蛋黄适量
玉米油适量

做法 Practice

1. 将莲子提前 1 天用水浸泡，然后把水倒掉，把莲子倒入压力锅内加水煮熟。
2. 煮好的莲子过筛去水。
3. 将莲子过筛成泥。
4. 再把莲子泥倒入锅中。
5. 接着加入白糖，然后开火翻炒至白糖溶化。
6. 继续加入麦芽糖和玉米油，并翻炒至莲蓉水分减少可以成型即可。
7. 将做好的莲蓉馅盖上保鲜膜后，放入冰箱保存备用。
8. 将转化糖浆加入枧水中拌匀，再加入玉米油拌匀。
9. 将面粉倒入步骤 8 中，并用橡胶板翻拌均匀，然后盖上保鲜膜放置 30 分钟。
10. 生咸蛋黄先用油浸泡，然后喷洒上白酒，再放入烤箱烤熟。
11. 每个蛋黄搭配适量莲蓉，总重量约 35 克。
12. 将每个蛋黄分别用莲蓉包裹住，并搓成圆球备用。
13. 将做好的饼皮平均分割，每份约 15 克，再分别按扁成圆形，包裹住步骤 12 的内馅。
14. 将饼皮收口捏紧，再搓成椭圆形后，放在熟糕粉中滚一下。
15. 将步骤 14 的饼胚放入模具中，并垂直放到烤盘上刻出成型的月饼胚子。
16. 月饼胚摆在烤盘上，放入烤箱前喷水，烤箱预热 170℃，烤 5 分钟，然后取出刷两次蛋黄（蛋黄中加少许油拌匀），再放入烤箱继续烤 10 分钟，出炉后放凉，再密封保存 2 ~ 3 天回油，此时食用口味最佳。

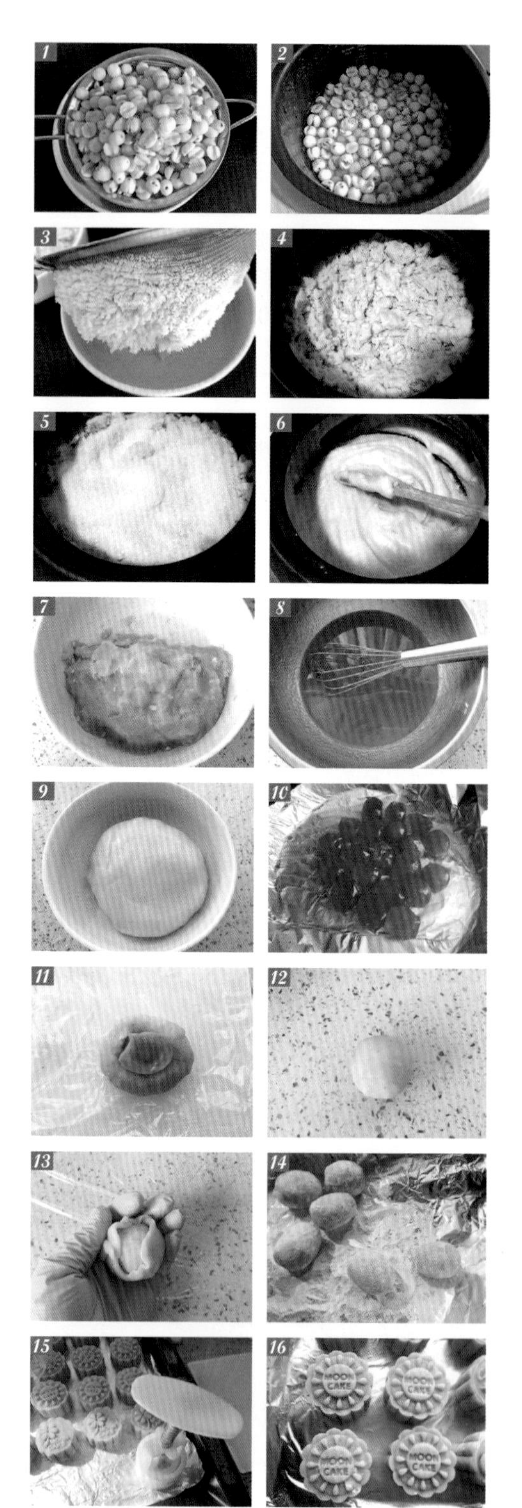

迷你花型巧克力派

材料 Material

派皮

低筋粉 45 克
可可粉 5 克
黄油 25 克
鸡蛋液 10 克
糖粉 20 克
香草精几滴
盐 0.5 克

馅料

淡奶油 150 毫升
糖 10 克
黑巧克力酱适量
装饰糖适量

做法 Practice

1. 黄油室温软化后加入糖粉和盐拌匀。
2. 再把黄油打发至颜色变浅，并呈膨松状态。
3. 接着加入蛋液和香草精打匀。
4. 再加入过筛的粉类拌匀。
5. 揉成团，然后包上保鲜膜，并放入冰箱冷藏 1 小时。
6. 将面团擀开成厚约 2 毫米的面片。
7. 用花型饼干模具在面片上刻出派皮的造型。
8. 将派皮放入迷你马芬连模中，用手指肚在中间轻轻按压，让派皮落在模具正中间，形成类似碗的形状。烤箱预热 170℃，中层上下火，时间 15 分钟。
9. 淡奶油加糖打发后，装入裱花袋，然后挤入放凉的花型派皮里。
10. 最后挤上巧克力酱，撒上装饰糖即可。

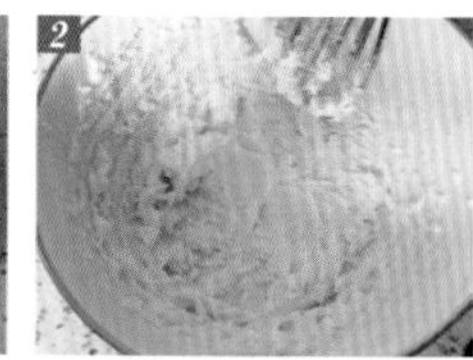

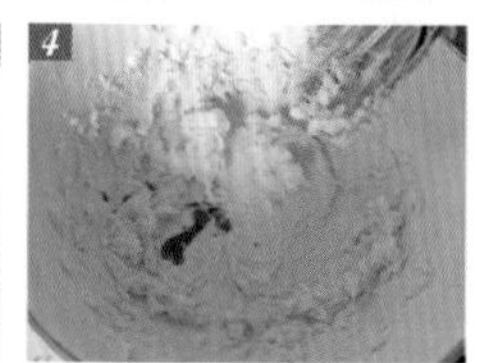

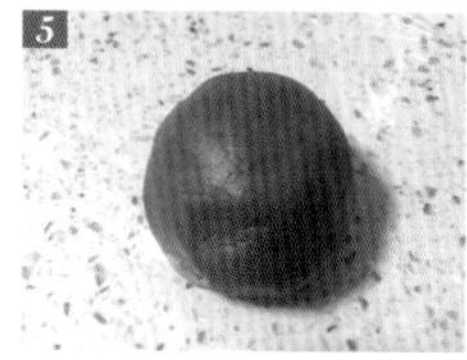

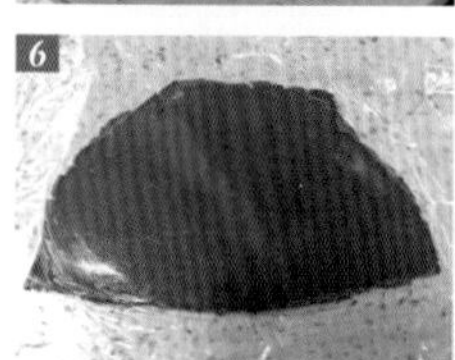

无花果塔

材料 Material

塔皮	内馅	
发酵黄油 75 克	无盐黄油 40 克	蛋黄 8 克
白砂糖 50 克	酸奶油 5 克	杏仁粉 45 克
全蛋 20 克	香草精 1 克	奶粉 5 克
杏仁粉 18 克	细白砂糖 35 克	无花果 4 个
低筋粉 140 克	全蛋 20 克	

做法 Practice

1. 制作塔皮：将 75 克发酵黄油室温软化后，加入 50 克白砂糖拌匀。

2. 再加入 20 克全蛋拌匀，接着筛入杏仁粉和低筋粉，并拌匀成团。

3. 放入冰箱冷藏 1 小时。

4. 将面团擀开成厚约 2 毫米的面片。

5. 用饼干模具在面片上切出直径约 11 厘米的圆形。然后覆盖在塔模中并填实，同时用擀面杖在模具顶部擀压一下，去掉多余的面皮。

6. 用牙签在底部面片上扎一些孔。

7. 制作内馅。将无盐黄油、酸奶油、香草精、细白砂糖放入盆中搅拌至没有糖粒感。

8. 将全蛋和蛋黄打散，再分次加入步骤 7 中拌匀，接着筛入粉类拌匀。

9. 将步骤 10 中的混合物装入裱花袋。

10. 接着挤入步骤 6 中。

11. 最后在表面摆上切好的无花果。

12. 烤箱预热 180℃，中层上下火，时间 18 分钟。

SHEEP
fine food life

老式苹果派

【派皮】

材料 Material

低筋粉 180 克
糖粉 50 克
黄油 120 克
蛋黄 18 克
淡奶油 15 克

做法 Practice

1. 将黄油室温软化后加入糖粉拌匀。
2. 分次加入打散的蛋黄拌匀。
3~4. 再加入过筛的面粉，右手拿刮刀从底部往上翻动，左手慢慢逆时针转动面盆，拌合至无明粉时马上停止。
5. 接着加入淡奶油继续拌合至稍稍成团即可。
6~8. 将面团倒在铺了保鲜膜的案板上，盖上保鲜膜后用擀面杖擀开成片状，再放入冰箱冷藏 1 小时。

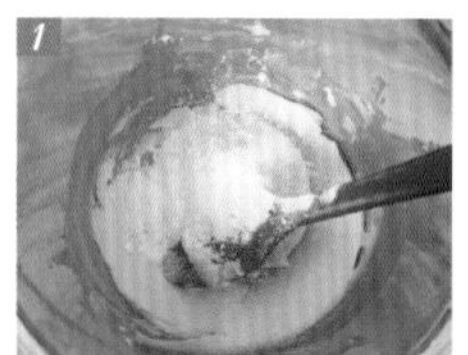

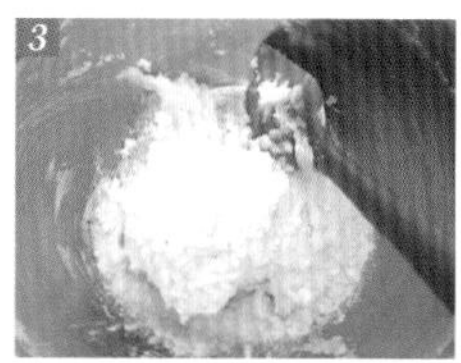

【苹果馅】

材料 Material

苹果 200 克（去皮去核净重）
白砂糖 35 克
黄油 15 克
肉桂粉 1 小勺
柠檬皮屑适量
柠檬汁 1/2 个
玉米淀粉 5 克

做法 Practice

1. 所有材料称量好备用；苹果去核后切成两半。
2. 苹果去皮去核切成 1 厘米宽的小丁。
3. 黄油切块后放入锅中加热融化。
4. 待黄油加热至微微呈焦黄色并且能闻到焦香味即可。

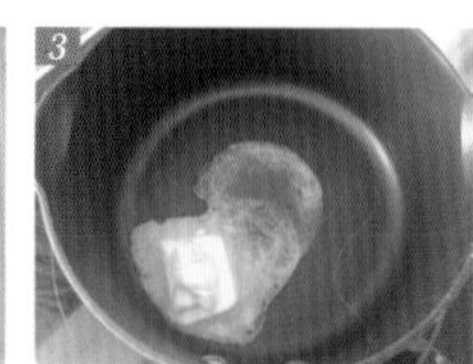

5. 随即倒入苹果丁翻炒至苹果边缘变软。
6. 再加入糖和肉桂粉翻炒均匀，然后加入半个柠檬汁和柠檬皮屑拌匀翻炒。
7. 再倒入用水化开的玉米淀粉拌匀后翻炒。
8. 待步骤 7 中的混合物翻炒至浓稠状态时即可离火，此时用勺盛一勺苹果馅，以按压的方式紧贴锅壁往上提。
9. 如果竖直提起的勺内的苹果馅不掉落，说明馅做好了。
10. 将做好的馅放凉后，蒙上保鲜膜备用。

【组装】

做法 Practice

1. 将苹果馅填入派皮中约 8 ～ 9 分满。
2. 将多余的派皮重新粘合在一起，然后擀开约 2 毫米厚。
3. 用模具刻出形状。
4. 然后用圆形的裱花嘴在中间刻出不规律的圆形。
5. 将派皮覆盖在派模上面，将四周压实，用多余的派皮做出叶子形状摆放在上面。
6. 烤箱预热 180℃，中层上下火，时间 25 分钟左右。

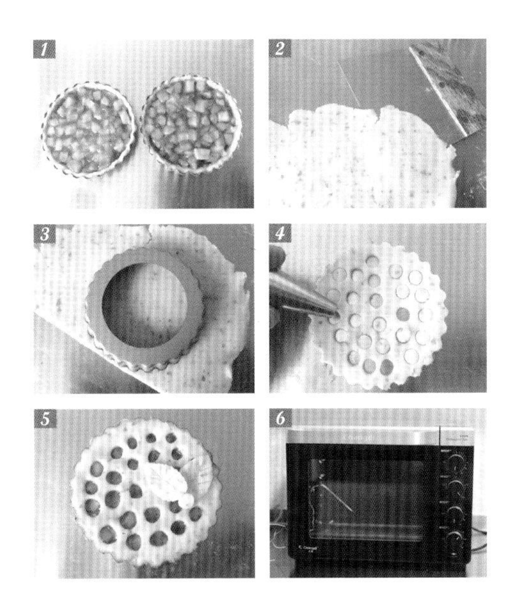

HOMEMADE fruit roll-ups 水果卷

材料 Material

芒果泥 700 克
白糖 100 克
柠檬 1 个
玉米油 1 小勺

做法 Practice

1. 将芒果洗净去皮后备用。
2. 将芒果去核后，果肉切块放入料理机中。
3. 将芒果肉打成细腻的果泥。
4. 将果泥倒入锅中，加入白糖并熬煮至白糖溶化，再加入柠檬汁继续熬煮 10 分钟，关火前加入玉米油拌匀。
5. 将步骤 4 的果酱放凉后，倒入铺好油纸的烤盘中（28 厘米 ×28 厘米），厚约 3 毫米，并将表面刮平。
6. 烤箱预热 100℃，中层上下火，时间约 2 小时，然后取出自然风干 1 天即可。北方气候干燥，如果在南方潮湿地区，自然风干时间需要更长一些。
7. 将自然风干后的水果连带油纸一起切成宽约 2.5 厘米的长条。
8. 用油纸将水果条卷起来，就做成了水果卷，然后放入玻璃瓶中密封好，在冰箱里冷藏保存即可。

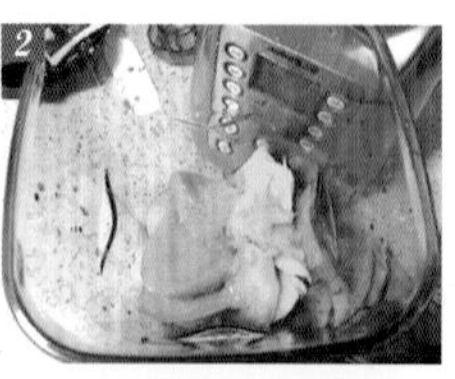

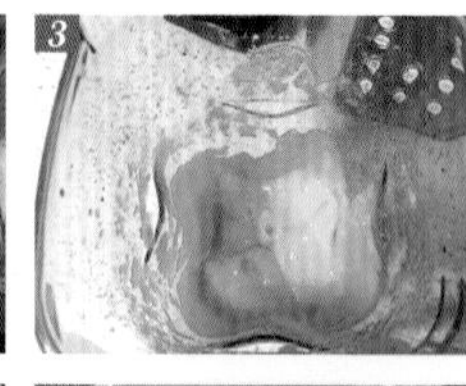

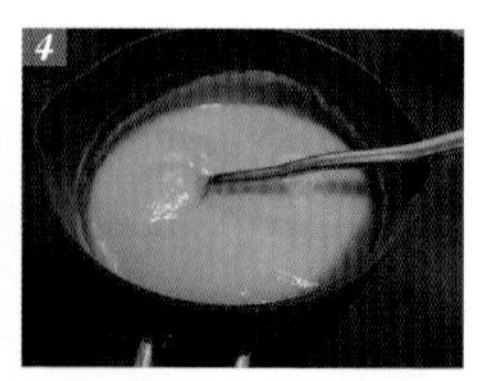

手工蓝莓果酱

材料 Material

蓝莓 900 克
白糖 200 克
柠檬 1 个

做法 Practice

1. 蓝莓摘选好备用。
2. 用小苏打粉兑水将蓝莓洗净。
3. 沥水备用。
4. 将蓝莓倒入锅中开小火熬煮。
5. 加入 1/2 的白糖拌匀，并继续用小火熬煮，一边熬煮一边用勺子或者锅铲搅拌散热。
6. 熬煮至蓝莓出汁后，再加入余下的白糖。
7. 继续熬煮，锅中的蓝莓汤汁会越来越多。
8. 将表面的沫子撇去。
9. 倒入柠檬汁拌匀后继续熬煮。
10. 大约 30 分钟后，果酱就会熬制得非常浓稠。
11. 关火后，取一勺果酱滴入装有凉水的碗中，如果果酱在水中迅速散开溶解，说明还没有熬煮好；如果果酱在水中没有散开，仍然呈凝聚状态，说明已经熬煮好了。
12. 没有熬煮好的果酱继续熬煮；熬煮好的果酱放凉后，装入消毒的玻璃瓶中密封，并放入冰箱冷藏保存。

香水柠檬乳酪挞

【挞壳】

材料 Material

无盐发酵黄油 150 克
细砂糖 100 克
全蛋 1 个
杏仁粉 35 克
低筋粉 280 克
香水柠檬皮屑 2 克

做法 Practice

1. 所有材料称量好备用。
2. 黄油室温软化加入糖拌匀。
3. 分次加入打散的蛋液拌匀。
4. 加入粉状材料和香水柠檬皮屑。

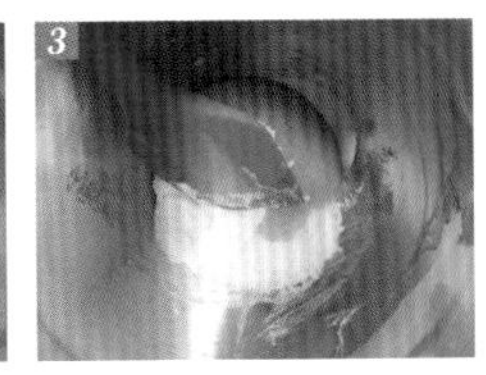

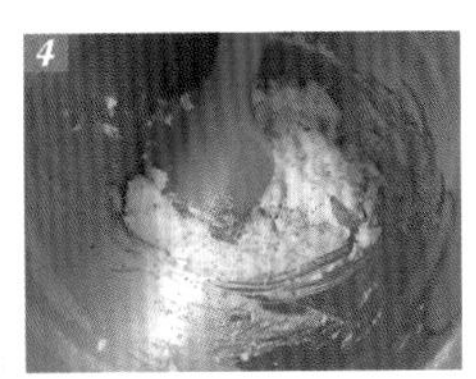

5. 用刮刀将粉状材料拌合。
6. 拌至无明粉即可停止。
7. 将面团倒在案板上以折叠的方式混合成团。
8. 用保鲜膜包裹后擀开放入冰箱冷藏 1 小时。
9. 将面团取出擀开约 2mm 厚，用比挞模大一号的饼干切模刻出面胚。
10. 用铲刀从面胚底部将面胚铲起来，让其与案板脱离，然后将底部包好了油纸的挞模倒扣在面胚上面的正中间部位。
11. 迅速将挞模带面胚一起翻转过来，去掉铲刀。
12. 左、右手拇指将面胚轻轻往挞模中按压，让面胚顺势落入挞模中。
13. 先将底部压实紧贴挞模，然后四周按压面胚贴紧挞模。
14. 多余的顶部用铲刀平行于挞模削掉即可。
15. 用叉子在底部戳出小孔。
16. 放上油纸和重物压住面胚，防止烤的过程中面胚因受热隆起，如果底部扎孔了，这一步也可以省略。
17. 烤箱预热 180℃，中层上下火，时间 16 分钟左右。
18. 烤好的挞皮放在网架上晾凉后内侧的底部和四周用融化的白巧克力液刷一层凝固后备用。

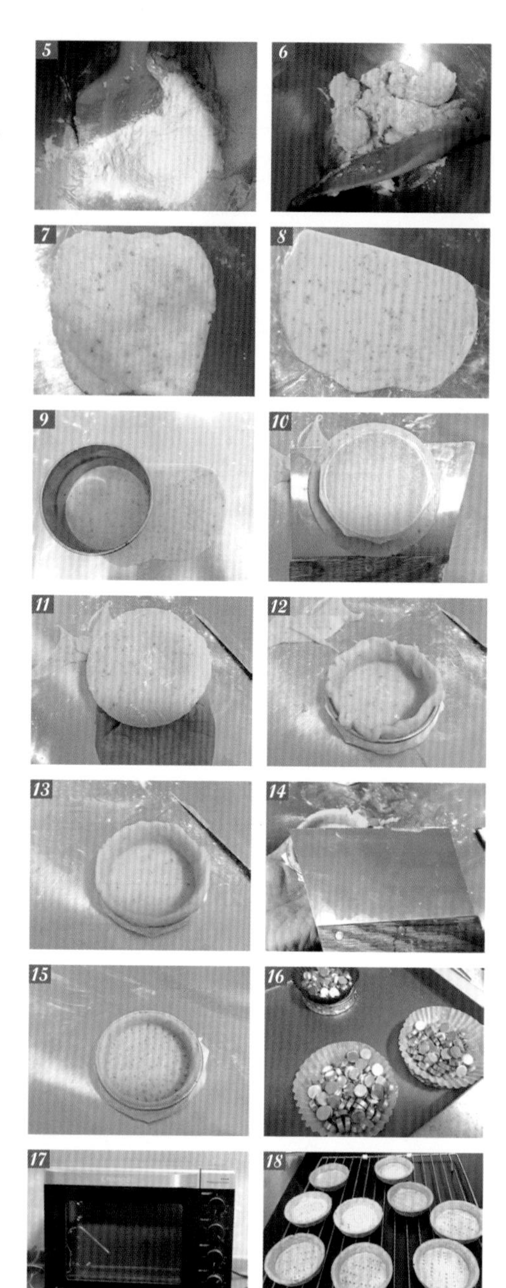

【乳酪馅】

材料 Material

奶油奶酪 250 克　　细砂糖 50 克
淡奶油 400 克　　全蛋 1 个
低筋粉 15 克　　蛋黄 1 个

做法 Practice

1. 奶油奶酪放入容器中，隔着热水加热至其软化。
2. 将淡奶油倒入锅中，加热至沸腾离火。
3. 将低筋粉和细砂糖放入碗中混合均匀，再慢慢加入步骤 2 的淡奶油，同时用打蛋器搅拌。
4. 将步骤 3 的奶油面糊慢慢加入步骤 1 中，并用打蛋器搅拌均匀。

5~6. 将全蛋液和蛋黄倒入步骤 4 中搅拌均匀。

7. 将步骤 6 的乳酪液倒入挞壳中约 8 分满。
8. 烤箱预热 150℃，中层上下火，时间 15 分钟。

【香水柠檬奶油酱】

材料 Material

柠檬汁 30 克　　吉利丁片 2.5 克
白砂糖 37 克　　黄油 56 克
鸡蛋 38 克

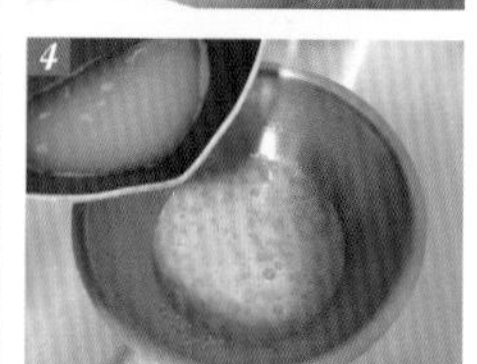
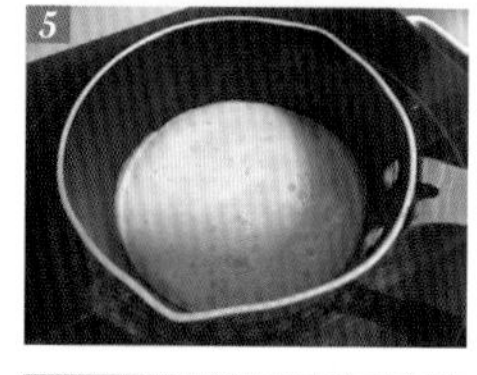

做法 Practice

1. 将所有材料称量备用，吉利丁片用水浸泡。
2. 鸡蛋打散后加入白糖拌匀。
3. 将柠檬汁煮至锅边冒小气泡时离火。
4. 将步骤 3 的柠檬汁慢慢冲入步骤 2 的鸡蛋中，并迅速搅拌均匀。
5. 将步骤 4 的液体重新倒回锅中，小火加热并不断搅拌至中间冒出一个大气泡时离火。
6. 继续保持快速搅拌状态，使温度降到 60℃。
7. 吉利丁片沥水后，加入步骤 6 中拌匀，并继续搅拌，使柠檬酱降温至 40℃。
8. 将步骤 7 的柠檬酱倒入料理机的杯中，加入切成小块的黄油。
9. 用料理机将黄油与柠檬酱打至完全融合。
10. 将做好的香水柠檬奶油酱倒入碗中，在其表面紧贴一层保鲜膜备用。

【组装】

材料 Material

热用果胶 30 克
水 10 克

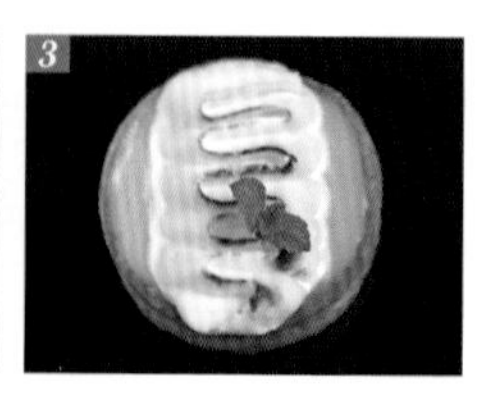

做法 Practice

1. 将香水柠檬奶油酱挤入烤好的乳酪挞中至满模。
2. 将热用果胶倒入锅中，加入水，开火煮至果胶融化成镜面胶液体。
3. 将镜面胶均匀地淋在挞的顶部即可，也可以挤上蛋白霜或者摆上水果做装饰。

椰香凤梨酥

材料 Material

面皮

低筋粉 80 克
椰粉 70 克
黄油 60 克
鸡蛋 30 克

馅料

菠萝 500 克
冬瓜 500 克
冰糖 50 克
白糖 50 克
盐 2 克

做法 Practice

1. 菠萝去掉皮和中间的硬芯，冬瓜去皮和籽粒，均切成小丁，然后把菠萝丁和冬瓜丁放入锅中（不能用铁锅，否则水果易变黑），加入白糖、冰糖和盐拌匀后腌 30 分钟，待水果被腌制出适量水分后，先用大火烧开，再转小火煮至冬瓜烂熟，接着取出 3/4 的水果用料理机打成蓉状，再倒回锅中小火翻炒至汁水干，用手能搓成球状。
2. 将馅料放凉，按每份 18 克均分成若干份备用。
3. 黄油室温软化，加入椰粉打发至膨松。
4. 再加入打散的蛋液拌匀。
5. 再加入过筛的低筋粉拌和成面团，罩上保鲜膜松弛 10 分钟，再按每个 20 克分成若干小面团。
6. 取一个小面团用手掌按压成圆饼形状，同时将四周压薄，再包入一份馅料。
7. 将包好馅料的面团收口捏紧朝下放置。
8. 案台上撒一层薄粉，模具内侧也蘸一层薄粉。把模具套在面团外面，然后用手慢慢往下按压面团，让面团填满整个模具，再提起模具，取出定型的生坯。
9. 把生坯放进烤盘。烤箱预热 170℃，中层上下火，时间 15 分钟。

新疆烤馕饼

材料 Material

中筋面粉 200 克
水 135 克
盐 2 克
白糖 2 克
酵母粉 2 克
五香粉 2 克
白芝麻适量

做法 Practice

1. 用烤羊肉串的竹签制作馕针。首先将一根竹签用纸条缠绕几圈。
2. 然后在纸条外面摆放几根竹签。
3. 接着在第二层的外面缠绕纸条。以此类推，可以做四层，最外层的也用纸条缠绕并捆绑好，这样馕针就做好了。
4. 将材料揉成光滑的面团，然后进行 1 次发酵至面团的 2 倍大。
5. 将发酵好的面团排气，再擀开成圆形，让面胚子松弛 10 分钟。
6. 用馕针在面饼胚子上戳出一些小孔，刷上一层薄薄的水，然后撒上芝麻。
7. 烤箱预热 180℃，中层上下火，时间 20 分钟。

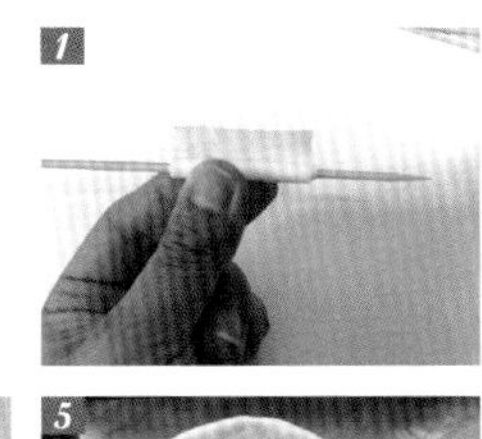

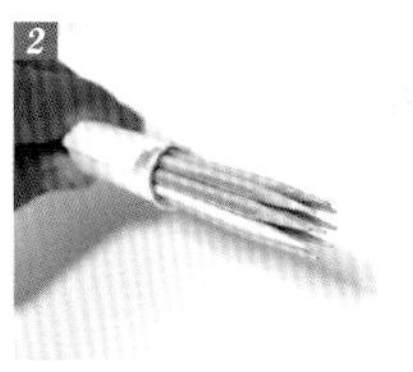

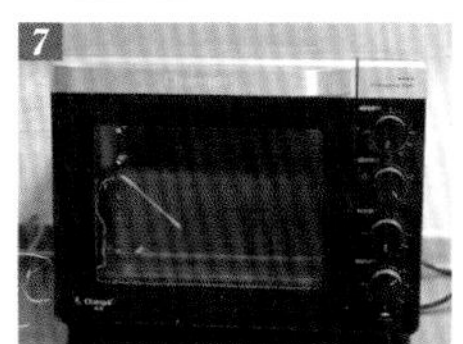

面包制作需要知道的那些事

揉面

1. 揉面温度

面团完成温度需要控制在23～26℃。如果温度过高，容易让面团发酵并阻止面筋形成。为了保持面团揉面的终温在这个范围内，粉类和副材料可以放置在5℃冷藏室备用，水温控制在10℃左右，这样混合后揉面温度能够保持在要求的温度范围内。

如果其他材料不能保证温度，那么就将水温进行调整。夏日室温高，如果使用面包机或者厨师机揉面，需要用冰水和面，将冰块放入凉水中给凉水降温后，用去掉冰块的冰水和面。使用面包机揉面最好开盖揉，否则内部温度会随着搅拌过程摩擦生热逐渐升高。在揉面过程中，如果摸到面团有温热的手感，就要赶紧把面团从面包桶中取出来，并放入冰箱冷藏降温，然后再放回面包机内继续揉面。如果厨师机过热，可以在机器下面放置冰水盆帮助降温。

2. 揉面方法

（1）搓揉摔打式的强力揉面

这种揉面方式适合除了欧包之外的其他面包制作方法，通常选择后油、后盐方式（即等到面团揉至不太粘手且有一定筋度时，如果厨师机揉面，就要将面团揉至脱缸时，再加入盐和黄油继续揉面）。用这种揉面方式出膜的面团，在后期整形、发酵和烘烤完成后，成品组织绵密少洞。

①把除了盐和黄油之外的其他所有干性材料称量好，放在不锈钢台面上，中间挖个洞，加入液体材料混合均匀至无明粉状态。

②用手掌把面团使劲向身体外侧推出去，动作类似从前妇女们用搓衣板洗衣服那样，尽量一次搓远一点，完全搓开面团。因为面包含水率比中式发酵面点大，所以，最开始揉面时会感觉非常黏手，不过不要担心，更不要急于往里面添加面粉，使用刮板刮回来后，双手再次推出去。反复多次后，可以开始摔打面团。当面团被推出去变长时，将面团两端提起对折缩短长度，再单手紧紧抓住面团的一头用力甩向案板，接着重复推和对折的动作。反复搓、折和摔打，慢慢地，面团会变得不那么黏手，而且会越来越有弹性，面团的表面也光滑了许多。这说明面团中的面粉吸收了水分开始产生较强的面筋了。

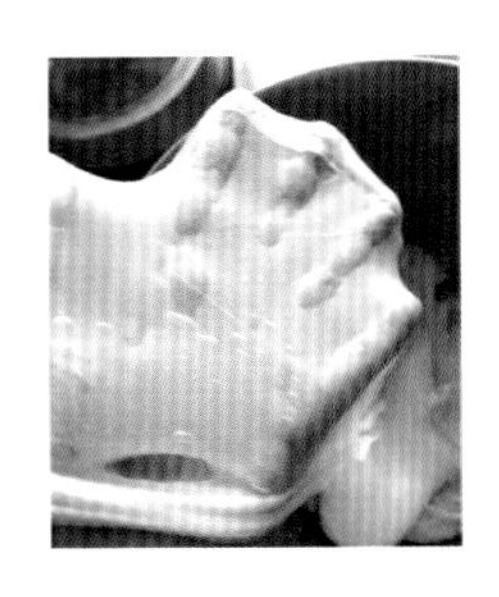

③搓揉的力量越大，面团接触空气的面积就越大，吸水越快，形成面筋也越快，出膜也越快。

（2）浸泡折叠式的温软揉面

除了可以直接揉面出膜，在制作欧式面包时还会经常看到“autolyse”一词，这个词的中文意思是“浸泡”。用这种方法不需要强力揉面，只需要浸泡面团然后配合拉伸和折叠（stretch & fold）的方式，让面团充分吸收水分，然后自然形成面筋出膜。具体操作方法是把除了盐和酵母以外的其他原料混合均匀，然后在面盆上盖上湿布或者保鲜膜，静置40分钟左右，再用拉伸和折叠的方式将盐裹入面团中，静置20分钟后继续拉伸、折叠，并将酵母裹入其中，再静置20分钟后继续重复1次拉伸和折叠，接着静置30分钟，在这个过程中，面粉吸收水分并逐渐产生筋度。然后，取下一块面团撕开就能看到很好的膜了。

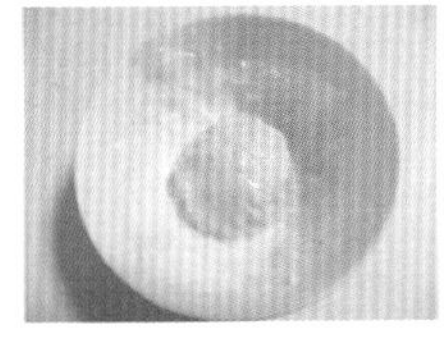
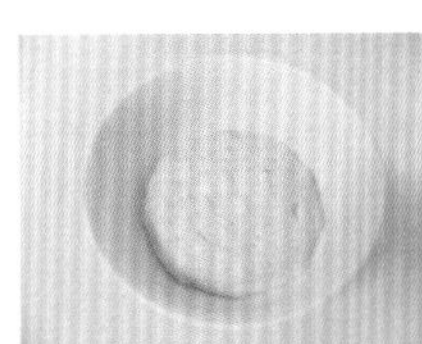

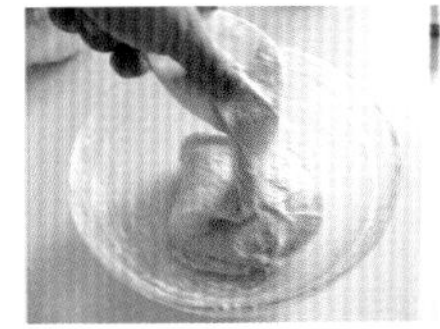
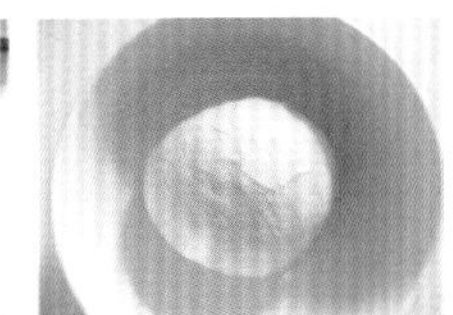

3. 判断出膜的标准

（1）扩展阶段

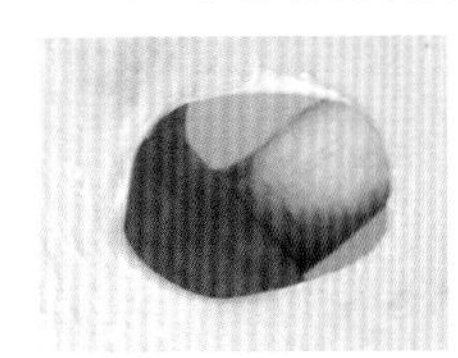

揪一团面，双手慢慢撑开，出现薄膜，用手指一戳，破洞边缘呈锯齿状，此为扩展阶段。此阶段的面团可以制作除吐司之外的软式面包、可颂及披萨面饼之类。

（2）完全阶段

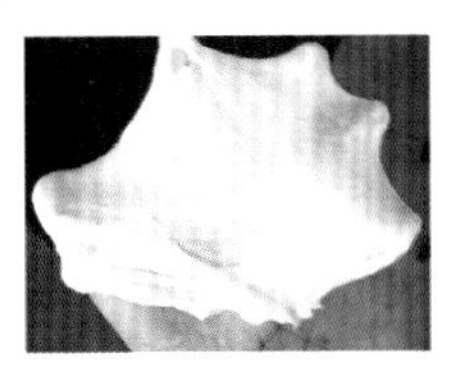

揪一团面，双手慢慢撑开，出现通透性非常好的薄膜，用手指轻易戳不破，稍稍用力才能戳破一个洞，洞口边缘光滑无锯齿，此为完全阶段。此阶段可以用于制作吐司面包。

4. 揉面最终的温度

揉面的最终温度控制在23～26℃之间。

发酵

1. 影响发酵的因素

（1）温度

温度是影响酵母发酵的重要因素。在面团发酵过程中，对酵母的温度有一定要求，一般需要控制在25～30℃。如果温度过低会影响发酵速度。如果温度过高，虽然可以缩短发酵时间，但也会给杂菌生长创造有利条件使面团发酸。反之，在冬季气温很低的情况下，需要先用温水将酵母化开，静置10分钟让酵母充分吸水溶解并激发活性，然后再加入到面粉中和面。

（2）酵母的用量

一般酵母的使用量是根据面粉量进行计算的，通常占面粉量的0.6%～1.5%。面包品种不同，酵母用量也不一样。如果酵母作用力不佳，则需要加大酵母的用量。

（3）面粉

不同成熟度、筋度的面粉，或其淀粉酶的活性受到抑制的面粉，都会对酵母的作用产生影响。

（4）水

在一定范围内，面团中含水量越高，酵母芽孢增长越快，反之越慢。所以，面团越软越能加快发酵速度。

（5）其他配料

首先，盐能抑制酶的活性，因此，食盐用量越多，酵母的产气能力越受限制。但是食盐可以增强面筋的筋力。使面团的稳定性增大。所以盐是面团发酵必不可缺的配料之一。

其次，糖的用量是面粉用量的4%～6%，此时能促使酵母发酵。如果糖的用量超过这个范围，那么，糖的用量越多，发酵能力越受抑制。所以，如果面包是高糖配方，要尽量选用耐高糖的专用酵母。

再次，乳制品、蛋等配料如果使用过多，也都会对发酵产生影响，所以一定要注意按配方说明的分量来制作面包。

2. 判断发酵是否完成的标准

判断发酵是否完成，除了依据发酵时间看面团体积是否膨胀了2～2.5倍，同时还要看面团的状态。看面团的表面是否比较光滑和细腻，同时对面团进行检测，具体方法如下。

①面团1次发酵结束，用食指蘸些干面粉，插入面团中心，再抽出手指。如果面团上的凹孔很稳定，收缩缓慢，说明发酵完成。如果凹孔收缩速度很快，说明面团还没有发酵好（没有发酵好的面团体积明显达不到2倍），需要继续发酵。

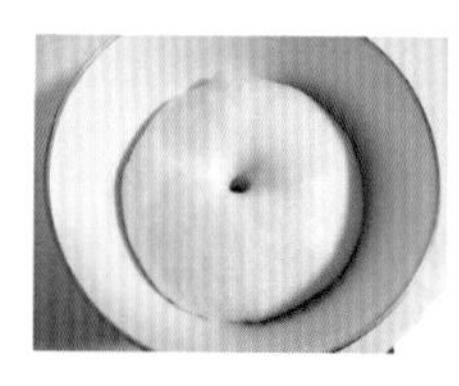

如果将手指抽出凹孔后，凹孔周围很快塌陷，说明发酵过度（发酵过度的面团从外观看表面没有那么光滑和细腻）。

发酵过度的面团虽然也可以使用，但是做出来的面包口感粗糙，形状也不均匀挺实。发酵不足的面团叫生面团，发酵过度的面团叫老面团。老面团可以分割后冷冻保存，下次制作面团时可以用来当作酵头加入面粉中促进发酵。

②面团 2 次发酵一般看状态，体积膨胀到 2 倍大（欧包一般发酵到 1.5 倍大时烘烤最佳，通常欧包会在烘烤过程中体积膨胀 15% 左右，如果发酵到 2 倍大后再割口烘烤就晚了，特别是法棍，耳朵就很难长出来了），用手轻轻碰触面团，感觉很有弹性。制作吐司的话，发酵到吐司盒子的七、八分满就可以烘烤，此时，可以用手的食指与吐司盒子平行放置，手指贴近面胚接触盒子最低处，如果距离盒子的顶部有 1 指或者 1 指半的位置，那么发酵就完成了，可以开始烘烤了。

针对吐司的烘烤，尤其是带盖子的吐司烘烤，如果顶部四角都是直角，说明面团发酵过度。如果四个角都是圆角说明面团发酵正合适，烘烤成功。

发酵合适

发酵过度

烘烤

“三分做，七分烤”，这句话非常有道理。烘烤主要取决于温度和时间。有的需要上火大、下火小，有的需要上火小、下火大，有的需要前段时间温度高、后段时间温度低。

温度的设置根据面包个体情况而定。烘烤时间可以通过目测成品的外观或者用手感触成品来判断。例如，面包在烘烤过程中如果表皮上色过快，可以加盖锡纸阻止成品继续上色。

要判断面包是否烤好了，可以用手轻轻按压面包侧面最突出的部位，如果按压的位置回弹说明烤好了，如果按压觉得很硬说明烤过了，如果按压的地方不反弹说明还没有完全烤熟。

面包的发酵方法

面包发酵大致可以分为两种：一是直接发酵法，二是间接发酵法。

直接发酵法就是将粉状材料、液体材料，以及黄油、酵母粉、盐、糖等混合揉成面团后进行发酵，包括我们熟知的汤种法也是直接发酵完成的。

间接发酵法包括固体间接发酵法和液体间接发酵法。常见的固体间接发酵法有17小时冷藏中种发酵、法国老面发酵等；液体间接发酵法具有代表性的有poolish种发酵法、5℃冷藏液种发酵法等。

采用直接发酵法的面包制作时间短，但是面包风味的保存时间也很短，面包老化快。采用间接发酵法虽然制作时间相对较长，有的甚至需要进行3次发酵，但是面包老化速度慢，风味口感保持时间相对较长。下面，我们一起来看看经常使用的几种发酵方法吧。

直接发酵法

1. 酵母直接法

将面粉、水和酵母以及其他材料混合揉面，然后进行1次发酵后排气、分割、整形，再进行2次发酵，最后烘烤。

2. 汤种法

汤种面包起源于日本，它是在主面团中加入了一定比例的汤种面团，使面包组织更加柔软，更具有保水性。

在日语里，“汤”的意思是开水、热水、泡温泉。“种”的意思是种子、品种、材料、面肥（种）。“汤种”就是指温热的面种或者稀的面种，也就是将面粉加水混合后放在炉灶上加热，使面粉糊化；或者将面粉加入不同温度的热水，使其糊化，这种糊化的面糊就称为汤种。汤种再和其他材料一起经过搅拌、发酵、整形、烘烤而成的面包就称为汤种面包。

汤种的制作方法如下。

高筋粉20克，水100克（即粉：水＝1:5），将面粉放在水中化开，待面糊无小疙瘩后放在炉灶上小火加热，直至用筷子划过面糊表面留下的痕迹不消失即可关火，然后放凉使用。

间接发酵法

1. 中种发酵法

中种发酵法类似于中式发酵面食中的“老面肥”。用提前发酵好的面团作为面引子，混合在主面团材料中继续发酵制作面包。

（1）中种发酵的材料配比

中种发酵并没有固定的材料配比，所以，我们经常会看到不同比例的中种配方，如 50% 中种、70% 中种、80% 中种、100% 中种等。这个比例的意思是指在中种面团中面粉的重量占整个面包配方中面粉总重量的百分比。例如，制作中种面团用了 100 克面粉，主面团材料里有 100 克面粉，那么就是 50% 中种法，即

100÷（100+100）=0.5=50%

100% 中种是指主面团的材料里没有面粉，所有的面粉量都是中种面团中的面粉量，所以称为 100% 中种。

（2）中种发酵方法

将中种面团的材料混合成面团，并不需要长时间揉面，只要面团成团并且质地均匀就可以了，然后盖上保鲜膜，室温发酵时间 2 ~ 3 小时，或者放入冰箱冷藏发酵 17 ~ 22 小时，发酵后面团体积达到原体积的 3 ~ 4 倍大。中种面团发酵过度，会充分释放酵母的味道，再通过加入主面团“抵消”发酵过度的味道。此时拉起面团可以看见面团很快回缩，组织呈大蜂窝状，并且能闻到明显的酒味和酸味。

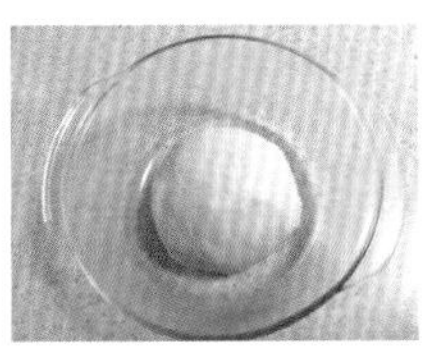
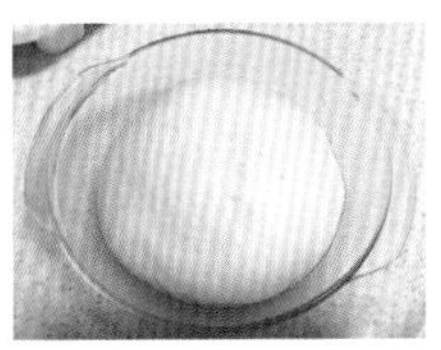

（3）中种面团的使用方法

把中种面团撕碎后加入主面团材料中一起揉出膜，待面团松弛一会儿后就可以整形、发酵和烘烤，无需进行中间发酵，即揉好的主面团不需要再次发酵就可以直接整形制作面包胚子。

2. 5℃冷藏发酵法

面团在发酵过程中会产生酒精和二氧化碳。在低温中的酵母就像自然健康长大的孩子一样，虽然花费的时间较长，但是经过低温发酵制作而成的面包具有非常独特的香气和口感。

低温发酵面包有以下特点：

成品质地柔细；口感弹性极佳；发酵香气十足；外型更加美观。

制作低温发酵面包，可以根据不同的时间段分多次完成。

3. 冰种的做法

（1）冷藏老面种

【材料】高筋粉 500 克，水 325 克，酵母 2 克。

【做法】将材料混合后搅拌成团，放在温度约 26 ～ 29℃的环境中发酵 1 小时，再放入冰箱 5℃冷藏 20 ～ 24 小时备用。

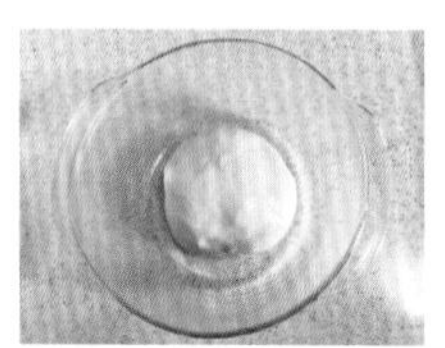

（2）冷藏液种

【材料】高筋粉 300 克，水 300 克，即发酵母粉 1 克。

【做法】将材料全部混合至无面粉疙瘩后，盖上盖子或者蒙上保鲜膜，在室温中放置 1 小时，再放入冰箱 5℃低温冷藏 16 小时以上备用。

天然酵母法

（1）培养酵母

【材料】大麦醪糟，水，全麦粉。

【做法】

①将大麦醪糟过筛去掉大麦，留下酵液。

②将 50 克酵液、50 克水、50 克全麦粉混合均匀后室温发酵。

③发酵 12 小时后，体积会膨胀起来，接着体积回落，酵种中会出现很多气泡。

④每间隔 12 小时对酵种进行 1 次喂养，即取前 1 次的酵种 50 克，加入等量水和等量全麦粉拌匀，蒙上保鲜膜，用牙签在保鲜膜上戳小孔，再放入冰箱冷藏发酵。这样重复喂养 3 ～ 5 天后，酵母的活性就稳定下来了，此时的酵种可以放入冰箱冷藏保存备用。

（2）酵种使用方法

培养好的酵种具有良好的发酵活性。制作面包时，先将酵种从冰箱中取出，进行 1 次 1∶1 喂养，即等量酵种加入等量面粉和等量水，和匀后发酵，就像给孩子喂饱了饭，孩子才有力气玩一样，喂养好的酵种就能使用了。

【材料】天然酵种 15 克，水 24 克，高筋粉 45 克。

【做法】将酵种、水、面粉混合成团制作成酵头，再将酵头撕碎加入主面团中揉面即可。

戚风蛋糕的制作技巧及问题解答

1. 戚风蛋糕为什么会回缩?

①如果蛋糕顶部凹陷，可能是蛋糕上部没有烤熟，可以延长时间或者调整上火；或者在倒扣前没有震一下，导致蛋糕内的热气没有马上散发出来，随即遇到烤箱外的冷空气后就会出现回缩现象。

②如果蛋糕底部凹陷，可能是烘烤的时候下火过大、底部垫纸、蛋白打发不够，或者模具底部有水（油）。可以调整底火，去掉垫纸（戚风蛋糕不需要垫纸，可以粘模），确认打好蛋白（蛋白打发过度失去粘性也会塌陷），洗干净模具并确认晾干。

③如果蛋糕腰部凹陷，蛋糕没有完全烤熟，可能是由于底火不够，或者使用了不黏模等。可以适当延长烘焙时间或者调整底火。

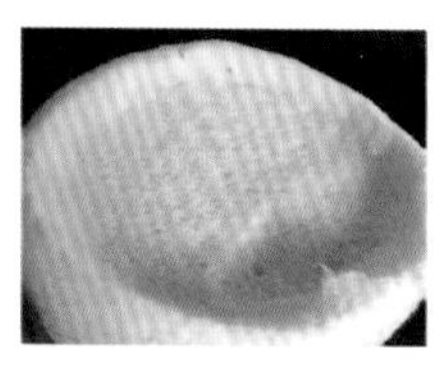

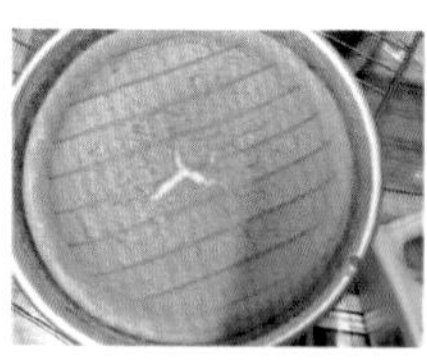

2. 戚风蛋糕倒扣时为什么会自动脱模?

除非用的是不粘模具，否则，戚风蛋糕倒扣时自动脱模，要么是因为没有烤熟，要么是烘烤时底火不足造成的。

3. 戚风蛋糕为什么出现蘑菇顶或者帽子顶?

如果蛋糕不回缩，那么蘑菇顶不算问题，有可能是用料太多，或者上下火温差偏大造成的。

但是，如果蛋糕此时出现回缩现象，有可能是蛋白没有拌匀的原因。

不回缩

回缩

4. 为什么蛋糕会出现沉底现象?

如果蛋糕的下部出现布丁层（没有气孔，有点死面，或者组织密实，水分大），视其严重程度，有可能是因为底火不足，或者是由于蛋白消泡，或者是因为蛋白打发不好；也有可能是出炉时没有倒扣，导致底部被压紧，或者蛋糕糊没有拌匀等。

5. 为什么蛋糕内有很多不均匀的大气孔?

如果蛋糕内部出现很多大气孔，说明蛋白糊在与蛋黄糊翻拌过程中手

法操作不对，出现了严重消泡。

6. 为什么蛋糕不长个子？

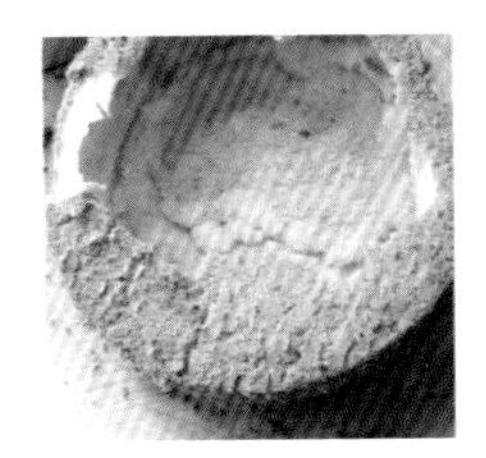

蛋白打到硬性发泡和湿性发泡都可以制作戚风蛋糕，但是，打发到硬性发泡时，制作出来的蛋糕成品个头更高。如果蛋糕不长个儿，说明蛋白消泡严重。

7. 为什么蛋糕会开裂？

蛋糕开裂并非戚风蛋糕失败的标志，甚至有人还会刻意追求开裂的蛋糕成品状态，有的人甚至会在蛋糕烘烤到表面结皮后，在蛋糕表面划开一个“十字”刀口后继续烘烤。如果不希望蛋糕开裂，可以调低下火温度，低温慢烤就可以。

8. 怎样控制戚风蛋糕的烤温和时间？

所谓“三分做，七分烤”。我们制作戚风蛋糕时，会发现很多配方中的烘烤时间和温度都不太一样。有的6寸戚风蛋糕用180℃烘烤20分钟，有的用170℃烘烤30分钟，甚至有的用150℃烘烤50分钟。事实上，戚风蛋糕不同的烘烤温度和时间主要取决于配方。

在不同配方中，液体含量不同，于是，烤制时间和温度自然就会不同。一般来说，液体含量高的戚风蛋糕配方适合低温慢烤；液体含量较低的配方可以采用高温快烤。另外，烘烤的温度和时间还需要视烤箱而定。建议配置一个烤箱温度计，有助于很好地控制好温度和时间。

9. 为什么有的戚风蛋糕的颜色很嫩？

为什么有时候我们看到的戚风蛋糕的成品颜色很嫩？例如原味戚风蛋糕，有的烤出来表皮呈焦黄色，有的烤出来表皮呈嫩黄色。一般来说，如果在低筋粉中加入少量玉米淀粉，烤出来的蛋糕表皮就会呈现嫩色。因为玉米淀粉没有面筋，遇水就会糊化，所以成品颜色会很鲜嫩。所以，如果追求嫩色的蛋糕成品，可以在配料中加入少许玉米淀粉。但是，玉米淀粉一定不能多加。

10. 打发蛋白的要点是什么？

其实，制作戚风蛋糕的关键就是调制蛋白。

首先要打发蛋白，最好选择新鲜鸡蛋。打发蛋白前，先在蛋白中加入少许盐或者滴入几滴柠檬汁，也可以滴入几滴白醋，有助于提高蛋白打发的稳定性。

打发蛋白的过程中，细砂糖最好分三次加入，因为刚开始时，蛋清密度小，质量轻，如果倒入大量砂糖，砂糖会马上沉底，很难用打蛋器将糖全部搅打起来与蛋清融合。所以，当蛋清搅打出粗泡时第 1 次加入砂糖，当蛋清打发到呈酸奶状时再第 2 次加砂糖，当蛋清打发到呈抹面状态的打发淡奶油状态时再第 3 次加入砂糖，然后继续打发到自己想要的状态。

当蛋清打发到湿性发泡时，提起打蛋器，打蛋头前的蛋白会出现倒三角状，倒三角尖会微微弯曲或者盆内立着的三角尖是弯曲的；当蛋清打发到干性发泡时，提起打蛋器，打蛋头前的蛋白呈现的倒三角的三角尖是直立状的，没有鹰嘴状的弯曲现象。

11. 蛋白打发的判断标准是什么？

将打蛋器在蛋白中轻轻画圈搅拌一下，再快速提起打蛋头，打蛋头上会挂上一部分蛋白，蛋白下部呈倒三角状。如果过长，可以用打蛋头在盆中的蛋白表面轻轻划过，让打蛋头上多余的蛋白部分被粘掉，再将打蛋头立起来，此时蛋白的倒三角成为立三角，以顶部的三角与水平面的角度判断蛋白的打发状态。如果三角与水平面平行，是 5 分发；与水平面呈 30°，是 6 分发；45° 是 7 分发；60° 是 8 分发；75° 是 9 分发；90° 是 10 分发。

马卡龙常见问题解析

Macaron 这个词原是法语，其实际发音比较接近“马卡红”。“马卡龙”则是来自英语发音。马卡龙又称作玛卡龙、法式小圆饼，它是一种用蛋白、杏仁粉、白砂糖和糖霜制作并夹有水果酱或者奶油的法式甜点，其口感丰富、外脆内柔，外观看起来五彩缤纷，精致小巧。

马卡龙的前身其实是一种蛋白杏仁饼。它刚传到法国的时候，与今天的马卡龙还是有很大区别的。当时的蛋白杏仁饼只是单片，没有夹心。后来，尤其是到了19 世纪，大批法国厨师开始热衷于制作这种甜品，并且，富有想象力的法国大厨们不仅将单片的蛋白杏仁饼变成了双片，还尝试在其中加入不同的水果和果酱，有时甚至加入咖啡、巧克力等帮助营造五彩缤纷的颜色。就这样，这种甜品就逐渐演变成了今天的马卡龙。

制作成功的意式马卡龙具有如下特征。

①它有漂亮的裙边。

②它的外观看起来光滑，并泛着自然光泽。

③它的底部稍稍下凹，内部组织绵密并且没有空心。

④它的外壳薄脆，但是内心绵软。

制作马卡龙常见问题解析

1. 表面皱皮现象

马卡龙出现表面皱皮现象，通常是由于如下原因造成的。

①面糊中的水分含量太高，蛋白霜用量太多。

解决方法：

精确蛋白霜的用量。蛋白霜用量＝（TPT+ 第 1 份蛋白）×0.58

②鸡蛋太新鲜，使得蛋白中的含水量较大。

解决方法：

将鸡蛋提前 3 ～ 7 天买好，放到冰箱冷藏。用的时候提前拿出来放至室温，或者提前分离出蛋白并放入冰箱冷藏 3 ～ 7 天（冷藏时要用保鲜膜把装蛋白的容器封好，再用牙签在保鲜膜上扎几个洞），或者在打发蛋白霜的时候放一点蛋白粉。

③面糊搅拌过度，使得面糊变稀，消泡严重。

解决方法：

前 2 次使用压拌手法，第 3 次用翻拌手法，避免蛋白消泡。

④蛋白霜消泡太严重。

解决方法：

打发好的蛋白霜最好马上用，如果放置超过 1 个小时就不要用了，因为这个时候已经消泡太严重了，另外，打发蛋白霜时间过长也容易消泡，所以打发时间不要过久。

⑤糖浆温度太低。

解决方法：

熬糖水的正常温度是 118℃。如果空气过于潮湿，熬糖浆的温度可以适当高 1 ～ 2℃，这样糖浆里面的水分会蒸发得更为彻底。

糖温	116℃	117℃	118℃	119℃	120℃
湿度	40%	50%	60%	70%	80%

⑥在烘烤过程中打开烤箱门，或者在烘烤中取出烤箱内的面饼。

解决方法：

在烘烤马卡龙的过程中，前 8 分钟最好不要开烤箱门。

⑦杏仁粉受潮，尤其是夏季杏仁粉很容易受潮。

解决方法：

可以把烤箱调到 50℃烘烤半小时。

⑧烘烤温度不恒定。有时候，烤箱会出现温度忽高忽低的情况，遇到这种情况，马卡龙也容易产生皱皮现象，因为高温先让马卡龙膨胀起来，然后温度又下降，那么马卡龙必然会塌陷并出现皱皮。

解决方法：

需要了解烤箱的特性，选择适合烘烤马卡龙的模式。家庭烤箱适合烘烤马卡龙的模式是热风模式。并且需要提前半小时预热烤箱。

⑨液体色素使用超量。因为马卡龙对湿度非常敏感，而液体色素中含有水分，所以液体色素一旦用量不当，导致水分过多，那么马卡龙就有可能出现皱皮。

解决方法：

最好使用粉状色素，只需要在拌合 TPT 时加入粉状色粉拌匀即可。

⑩烤箱门的密封性太好，使得在烘烤马卡龙的过程中，烤箱内的水汽不能及时排出，有可能引起皱皮。

解决方法：

可以考虑烘烤的时候将烤箱门打开一条如硬币厚的缝。烘烤过程中如果皱皮，可以把外置烤盘拉出来一部分，然后烤箱门开一条缝，排一下湿气。

2. 出现贝雷帽

马卡龙出现歪裙边，主要是因为蛋白霜和面糊搅拌不充分，没有搅匀造成的。

解决方法：

前 2 次要将蛋白霜和面糊进行充分压拌，每次压拌结束还要用胶皮刮刀将盆内壁周边刮干净，避免残留部分物质没有拌匀，影响下 1 次压拌。在最后翻拌时，要让面糊飘落下来，尽量避免消泡。

3. 顶部开裂

如果凉皮时间不够，那么在烘烤过程中就会出现顶部开裂的现象。

解决办法：

室温凉皮时间一般是20～30分钟，此时用手触摸表皮不黏手。或者烤箱40℃，烘15分钟左右，直至马卡龙表面呈现出亚光色。

4. 马卡龙无底

这种情况通常是由于蛋白打发不够，或者糖浆温度不够没有充分烫好蛋白，或者是由于在烤制过程中底火温度过高造成的。

解决方法：

①蛋白打发到中性发泡后，将熬到116℃的糖浆细水长流地倒入蛋白盆中，同时蛋白保持持续高速打发状态，继续将蛋白打发至硬性发泡，然后待温度降低到40℃左右时停止打发。熬糖温度跟当地当时的湿度有关，如果湿度大，熬糖温度要高，反之亦然。如果熬糖温度不够，那么糖浆含水率高，就容易让蛋白消泡。

②在烤制过程下火要小，上火要大。

5. 空心马卡龙

①糖浆烫过的蛋白霜打发至干性发泡后，如果在温度高时加入杏仁糊混合，很容易出现空心。

解决方法：

蛋白霜加入糖浆打发，并待降温至低于手温后再与杏仁糊拌合。

②面糊搅拌不够，马卡龙的中间会出现空心，气泡较大。

解决办法：

前2次用压拌手法，第3次用翻拌手法，避免蛋白消泡。

③烘烤温度偏低或者偏高，马卡龙的上部会出现空心。

解决方法：

凉皮的马卡龙 160℃烘烤 12 ～ 14 分钟。也可以烤箱 40℃烘干 15 分钟至马卡龙表面呈现亚光色。然后不用取出烤盘，直接烤箱中下层 170℃烘烤至马卡龙出现裙边 2 ～ 3 毫米，再降温到 140℃，烘烤 12 分钟左右。

④关于烤温。在一台烤箱的情况下，烘干后不取出，直接中下层 170℃烘烤至裙边出现 2 ～ 3 毫米后调到 140℃，时间共 12 ～ 14 分钟。

⑤如果烘烤时间不够，上部会出现较大空心。

解决办法：

待烘烤到最后时刻，打开烤箱门，用手轻轻触碰马卡龙的侧边，如果能推动就是还未烤熟，需要继续烘烤；如果推不动就是烘烤完成。

⑥凉皮时间过长也会导致空心。

解决办法：

用手轻轻按压马卡龙的表皮，如果不粘手就可以开始烘烤，凉皮时间不宜过长，根据不同地区的空气湿度，凉皮一般用 20 ～ 30 分钟就可以了。

派的制作要点

★制作派皮或者挞皮时都会用到黄油。和曲奇饼干不同的是，制作派皮的黄油不需要强烈打发，只需要搅拌至呈顺滑状态即可，这样操作出来的派皮在烘烤过程中不会过度膨胀变形。

★在搅拌黄油和糖粉的过程中，需要时不时地用橡皮刮刀清理盆内侧盆壁上多余的黄油，这样确保每一步操作时，材料都能够均匀混合。

★加入粉状材质后，搅拌至呈无明粉状态就要停止搅拌，然后用折叠的方式将粉与油脂材料混合均匀，尽量避免过度搅拌面粉，面粉一旦搅拌出筋，派在烘烤过程中就会底部隆起，中间很难烤熟，使得口感偏硬。

★在炎热的夏季或者室温高的操作台上操作派皮时，会发现派皮很软，擀开后轻轻提起来就破，完全不成形，此时不要急于加入低筋粉，只需要将面片放在保鲜膜上，再放入冰箱冷藏一会儿，然后拿出来继续操作即可；在操作过程中，可以先在操作台上撒一层薄粉，然后放上面团擀开到需要的厚度，入模时尽量避开手，用铲刀将派皮从操作台上轻轻铲起即可。

★如果馅料是熟的，就直接入模带着派皮一起烘烤；如果馅料是生的或者半熟的，需要将派皮先烤六、七成熟，再挤入馅料一起烘烤。

★通常将没有盖的叫作挞，将有盖的叫作派。